지금,고
지도 서비스

여행 가이드북 〈지금, 시리즈〉의 부가 서비스로, 해당 지역의 스폿 정보 및 코스 등을 실시간으로 확인하고 함께 정보를 공유하는 커뮤니티 무료 지도 사이트입니다.

now.nexusbook.com

지도 서비스 '지금도'에 어떻게 들어갈 수 있나요?

접속 방법 1	접속 방법 2	접속 방법 3
녹색창에 '지금도'를 검색한다.	핸드폰으로 QR코드를 찍는다.	인터넷 주소창에 now.nexusbook.com 을 친다.

지금도 ▼ Q

지금도 × +
→ C now.nexusbook.com

'지금도' 활용법

✈ 여행지 선택하기

메인 화면에서 여행 가고자 하는 도시의 도서를 선택한다. 메인 화면 배너에서 〈지금 시리즈〉 최신 도서 정보와 이벤트, 추천 여행지 정보를 확인할 수 있다.

🔍 스폿 검색하기

원하는 스폿을 검색하거나, 지도 위의 아이콘이나 스폿 목록에서 스폿을 클릭한다. 〈지금 시리즈〉 스폿 정보를 온라인으로 한눈에 확인할 수 있다.

📍 나만의 여행 코스 만들기

❶ 코스 선택에서 코스 만들기에 들어간다.
❷ 간단한 회원 가입을 한다.
❸ +코스 만들기에 들어가 나만의 코스 이름을 정한 후 저장한다.
❹ 원하는 장소를 나만의 코스에 코스 추가를 한다.
❺ 나만의 코스가 완성되면 카카오톡과 페이스북으로 여행메이트와 여행 일정을 공유한다.

💬 커뮤니티 이용하기

여행을 준비하는 사람들이 모여 여행지 최신 정보를 공유하는 커뮤니티이다. 또, 인터넷에서는 나오는 않는 궁금한 여행 정보는 베테랑 여행 작가에게 직접 물어볼 수 있는 신뢰도 100% 1:1 답변 서비스를 제공 받을 수 있다.

〈지금 시리즈〉 독자에게
'여행 길잡이'에서 제공하는 해외 여행 필수품

해외 여행자 보험 할인 서비스

1,000원 할인

사용 기간 회원 가입일 기준 1년(최대 2인 적용)
사용 방법 여행길잡이 홈페이지에서 여행자 보험 예약 후 비고 사항에
〈지금 시리즈〉 가이드북 뒤표지에 있는 ISBN 번호를 기재해 주시기 바랍니다.

〈지금 시리즈〉 독자에게
시간제 수행 기사 서비스 '모시러'에서 제공하는

공항 픽업, 샌딩 서비스

2시간 이용권

유효 기간 2020.12.31 서비스 문의 예약 센터 1522-4556(운영 시간 10:00~19:00, 주말 및 공휴일 휴무)
이용 가능 지역 서울, 경기 출발 지역에 한해 가능

본 서비스 이용 시 예약 센터(1522-4556)를 통해 반드시 운행 전일에 예약해 주시기 바랍니다. / 본 쿠폰은 공항 픽업, 샌딩 이용 시에 가능합니다(편도 운행은 이용 불가). / 본 쿠폰은 1회 1매에 한하며 현금 교환 및 잔액 환불이 불가합니다. / 본 쿠폰은 판매의 목적으로 이용될 수 없으며 분실 혹은 훼손 시 재발행되지 않습니다. www.mosiler.com ※ 모시러 서비스 이용 시 본 쿠폰을 지참해 주세요.

TRAVEL PACKING CHECKLIST

Item	Check
여권	■
항공권	■
여권 복사본	■
여권 사진	■
호텔 바우처	■
현금, 신용카드	■
여행자 보험	■
필기도구	■
세면도구	■
화장품	■
상비약	■
휴지, 물티슈	■
수건	■
카메라	■
전원 콘센트 · 변환 플러그	■
일회용 팩	■
주머니	■
우산	■
기타	■

지금, 타이베이

지금, 타이베이

지은이 김도연
펴낸이 임상진
펴낸곳 (주)넥서스

초판 발행 2017년 5월 25일

2판 발행 2018년 2월 25일

3판 1쇄 발행 2018년 11월 15일
3판 3쇄 발행 2019년   2월 25일

4판 1쇄 인쇄 2019년 10월 25일
4판 1쇄 발행 2019년 10월 30일

출판신고 1992년 4월 3일 제311-2002-2호
10880 경기도 파주시 지목로 5(신촌동)
Tel (02)330-5500 Fax (02)330-555

ISBN   979-11-6165-789-9 13980

www.nexusbook.com

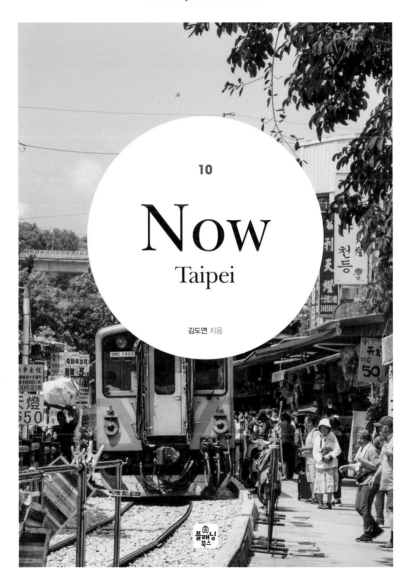

10

Now

Taipei

김도연 지음

플래닝
북스

prologue

제대로 된 가이드북이 없던 시절, 인터넷에서 어렵게 영화 〈말할 수 없는 비밀〉의 촬영지를 검색해 찾아갔던 단수이의 담강고등학교와 한국에서 왔다고 하니 놀라시던 경비원 분의 얼굴은 지금도 잊을 수 없는 첫 타이완 여행의 추억으로 남아 있습니다.

그때부터 벌써 10년이란 시간이 흘렀습니다. 남녀노소 누구나 좋아하는 인기 여행지로 떠오른 타이베이. 가까운 거리, 비교적 저렴한 물가, 맛있는 음식, 몸을 힐링시켜 줄 온천과 마사지 등 볼거리와 즐길 거리로 가득한 타이베이는 이제 우리에게 많이 친숙해진 여행지입니다. 길거리 상점과 유명한 음식점에서는 한국어 가능한 직원과 한국어 메뉴도 만나 볼 수 있으며, 인터넷 예약으로 예전보다 더욱 쉽게 여행할 수 있게 되었습니다.

한국뿐만 아니라 전 세계적으로 타이베이를 방문하는 관광객 수가 늘어나면서 타이베이 역시 그들을 맞이하기 위해 분주히 변해가고 있습니다. 불과 몇 개월 전 찾았던 음식

점의 요금이 오르거나 없어지고, 버스 정류장 보수 공사 등 교통 정보도 수시로 변해서 애를 먹었던 기억이 납니다.

이렇듯 변해 가는 타이베이의 지금 모습을 소개하기 위해 노력했습니다. 이 책을 통해 처음 타이베이를 찾는 사람들에게는 낯선 도시가 품고 있는 매력을, 또다시 찾은 사람들에게는 타이베이가 감추고 있던 새로운 모습을 만나길 기대합니다.

《지금, 타이베이》출판을 준비하면서 항상 떠올렸던 말이 있습니다. '여행 책은 이 책이 좋은 책인지는 일단 여행을 한 번 다녀와야 보인다'라는 말. 《지금, 타이베이》를 만난 모든 독자 분에게 타이베이 여행에 있어 즐거운 추억과 함께 좋은 책으로 남기를 바랍니다. 책을 준비하는 동안 고생하신 넥서스 출판사 정효진 과장님, 언제나 든든한 와이프와 가족들 그리고 영신이에게 깊은 고마움과 감사를 전합니다.

김도연

추천 코스

지금 당장 타이베이 여행을 떠나도 만족스러운 여행이 가능하다. 언제, 누구와 떠나든 모두를 만족시킬 수 있는 여행 플랜을 제시했다. 자신의 여행 스타일에 맞는 코스를 골라서 따라 하기만 해도 만족도, 즐거움도 두 배가 될 것이다.

트래블 버킷 리스트

지금, 타이베이에서 보고, 먹고, 즐겨야 할 것들을 모았다. 타이베이에 대해 잘 몰랐던 사람들은 타이베이를 미리 여행하는 기분으로, 잘 알던 사람들은 새롭게 여행하는 기분으로 타이베이 여행의 핵심을 익힐 수 있다.

지역 여행

지금 여행 트렌드에 맞춰 타이베이를 근교 포함해서 14개 지역으로 나눠 지역별 핵심 코스와 관광지를 소개했다. 코스별로 여행을 하다가 한 곳에 좀 더 머물고 싶거나 혹은 그냥 지나치고 다른 곳을 찾고 싶다면 지역별 소개를 천천히 살펴보자.

지도 보기 각 지역의 주요 관광지와 맛집, 상점 등을 표시해 두었다. 또한 종이 지도의 한계를 넘어서, 디지털의 편리함을 이용하고자 하는 사람은 해당 지도 옆 QR 코드를 활용해 보자.

팁 활용하기 직접 다녀온 사람만이 충고해 줄 수 있고, 여러 번 다녀온 사람만이 말해 줄 수 있는 알짜배기 노하우를 담았다.

추천 숙소

타이베이에는 초호화 호텔부터 유스 호스텔까지 지역마다 특색 있는 숙박 시설들이 잘 갖춰져 있다. 이 시설을 얼마나 저렴하고 편안하게 선택할 수 있는지 예약하는 방법부터 나에게 맞는 숙소까지 지역별로 선택할 수 있도록 정보를 담았다.

여행 정보

타이베이의 기본 정보뿐 아니라 타이베이 여행에 필요한 것들, 한국에서 타이베이 가는 법, 타이베이의 시내 교통, 공항 출국과 입국, 여행 회화까지 여행의 처음부터 끝까지 유용한 노하우를 담았다.

지도 및 본문에서 사용된 아이콘

- 🚇 지하철역
- 🚆 기차역
- 🍴 레스토랑
- 🏬 쇼핑몰
- ☕ 카페
- 📷 관광 명소
- 🏨 호텔
- ♨ 온천
- 🚌 버스 정류장
- ⛴ 페리 선착장
- 💆 마사지 숍
- 🏪 50란
- 까르푸
- 코스메드
- Ⓦ 왓슨스

타이베이 발음 일러두기

타이베이어의 한글 표기는 지명, 산, 인명은 국립국어원의 외래어 표기법을 따랐고, 그 밖의 음식명, 지하철역, 버스 정류장 등의 발음은 현지에서 소통하는 데 도움이 되도록 타이베이 현지 발음에 최대한 가깝게 표기했다.

contents

TAIPEI
추 천 코 스

주말 동안 짧게 즐기는
타이베이 2박 3일

DAY 1

도보 5분
450m

17:00
시먼딩
타이베이의 명동에서 즐기는
쇼핑과 미식 여행

18:30
황가제국 원앙 마라 훠궈
신선한 고기와 해산물을 무한 리필로 즐길 수 있는 훠궈 맛집

도보 10분
900m

도보 4분
350m

21:00
화시제 야시장
아케이드 형식의 야시장

20:00
용산사
타이베이에서 가장 오래된 사원

© Rayman Cheuk Wai-man

DAY 2

도보 10분
800m

도보 1분
50m

도보 2분
100m

10:00
국립 중정 기념당
장제스 전 총통의 기념당

12:00
딘타이펑
샤오롱바오의 진수를 맛볼
수 있는 타이완 대표 딤섬
맛집

13:30
융캉제
인기 맛집이 모여 있는
동네

15:00
스무시
달콤한 망고빙수의
절대 강자

도보 5분+MRT 18분
+ 버스 15분 14km

도보 5분
+버스15분
6km

버스 15분
+도보 5분
4km

20:30
미라마 엔터테인먼트 파크
로맨틱한 대관람차

19:00
스린 야시장
타이베이 No.1 야시장

17:00
국립 고궁 박물원
아시아 최고의 박물관

DAY 3

도보 10분+버스 2분
1.5km

공항으로
이동

10:00
타이베이 101 빌딩
타이베이의 랜드마크

12:00
키키 레스토랑
전통 사천요리의 진수

예상 경비(1인 기준) 합계 **210,000원~**
숙박비 80,000원~   교통비 7,000원~   식비 70,000원~
간식비 15,000원~   입장료 38,000원~

여행 왕초보를 위한
타이베이 3박 4일

DAY 1

도보 20분
1.5km

15:00
쓰쓰난춘
오래된 군인촌의 색다른 변신

17:00
상산
아름다운 타이베이 101 빌딩과 시내의 야경을
한눈에 담을 수 있는 힐링 스폿

도보 20분
1.5km

도보 1분
50m

20:30
타이베이 101 빌딩
높은 곳에서 시내 전경을 감상할 수
있는 타이베이의 랜드마크

19:00
딘타이펑
타이베이의 필수 맛집 코스

DAY 2

도보 1분
50m

도보 5분 +
MRT 21분
11km

9:00
골든 핫 스프링 호텔
뜨끈한 유황 온천수로 즐기는
프라이빗 온천

10:30
베이터우 온천 마을
타이완 최고의 온천 마을

12:00
단수이
아름다운 강과 맛있는 음식이 있는
필수 근교 여행지

지열곡

12:15
복화철판소
가성비 최고의 단수이 철판 구이 맛집

도보 7분
500m

13:30
단수이 라오제
단수이의 옛 모습을 간직한 번화가

도보 15분
1km

15:00
훙마오청 + 진리대학
이국적인 건물과 영화 촬영지로
관광객들의 사랑을 받는 명소

도보 5분 400m

버스 10분
3km

19:30
스린 야시장
저렴하고 다양한 먹거리를
즐길 수 있는 야시장

버스 20분 +
MRT 28분
22km

17:00
위런마터우
로맨틱한 붉은 노을은 단수이의 필수 관광 코스

DAY 3

10:00
국립 중정 기념당
근엄한 위병 교대식을 볼 수 있는
장제스 전 총통 기념당

도보 15분
800m

12:00
융캉우육면
매콤한 훙샤오 국물에, 부드러운 고기,
쫄깃한 면발의 우육면 맛집

도보 1분
50m

13:00
융캉제
골목골목 매력적인 가게들이
숨어 있는 거리

14:00
스무시
달콤한 망고빙수의 최강자

도보 1분
50m

15:00
화산 1914 문화창의산업원구
낡은 공장에서 만나는 트렌디한 복합 문화 공간

도보 10분
+MRT 2분
2km

17:30
둥취
골목골목 즐거움이 숨어 있는 트렌드 세터들의 놀이터

도보 5분
+MRT 4분
2.5km

도보 7분
500m

21:30
로얄 발리
여행의 피로를 마사지로 풀기

도보 3분
100m

20:00
서문홍루
시먼딩의 랜드마크

도보 5분 +
MRT 11분
5.5km

18:00
키키 레스토랑
전통 사천요리의 매콤함을 맛볼 수 있는 맛집

 DAY 4

9:00
용산사
오랫동안 타이베이 시민들의 사랑을 받는 아름다운 사원

도보 10분
750m

10:30
까르푸
특산품과 현지 간식들을 저렴하게 구입할 수 있는 쇼핑센터

도보 3분
200m

11:30
황가제국 원앙 마라 훠궈
싱싱한 고기와 해산물을 마음껏 즐길 수 있는 훠궈 뷔페

예상 경비 (1인 기준) **합계 330,000원~**
숙박비 150,000원~   교통비 20,000원~   식비 80,000원~
간식비 20,000원   마사지+온천 60,000원~

숨겨진 맛집을 찾아 떠나는 식도락 여행

식도락 여행자를 위한
타이베이 3박 4일

DAY 1

버스 15분
+도보 5분
4km

15:00
국립 고궁 박물원
진귀한 유물들을 볼 수 있는
아시아 최고의 박물관

17:30
스린 야시장
타이베이 No.1 야시장

도보 3분 + MRT 7분
4.3km

도보 3분
50m

20:00
멜란지 카페
여행의 피로를 풀어 주는 달콤한
디저트 맛집

19:00
중산
조용한 골목들 사이로 디자인 숍이
숨어 있는 매력적인 곳

10:00
용산사
타이베이 시민들이 사랑하는 곳

도보 15분
1km

11:30
우점
매콤한 육수에 부드러운 고기가
들어간 우육면 맛집

도보 2분
50m

12:30
서문홍루
붉은 벽돌의 타이완 최초 극장

도보 5분
100m

16:00
국립 중정 기념당
타이완 초대 총통 장제스의
흔적이 남아 있는 곳

도보 10분 +
MRT 4분
2.6km

14:30
삼형매
타이베이 3대 빙수집 중 한 곳

도보 5분
100m

13:30
시먼딩 보행자 거리
활기가 넘치는 타이베이의 명동

도보 15분
800m

17:30
융캉제
다양한 먹거리로 눈을 뗄 수 없는 동네

도보 1분
50m

18:30
가오지
현지인들도 인정하는 샤오롱바오
맛집

도보 15분
1.2km

20:00
사대 야시장
이국적인 간식이 가득한 야시장

국립 중정 기념당

DAY 3

도보 7분
500m

9:30
부항두장

든든한 타이완식 아침 식사를 맛볼
수 있는 곳

도보 5분 +
MRT 4분
2.5km

10:30 화산1914 문화창의산업원구

낡은 양조장의 색다른 변신

12:30
원딩마라궈

중국 황실 콘셉트의 훠궈 맛집

도보 2분
50m

도보 12분
950m

도보 2분
50m

16:00
송산문창원구

새로운 복합 문화 예술 공간

도보 15분
1.2km

15:00
아이스 몬스터

〈꽃보다 할배〉 출연자들도 사랑한
타이베이의 망고빙수 맛집

14:00
둥취

트렌디 세터들이 즐겨 찾는 독특한
디자인 숍이 가득한 동네

도보 11분
800m

도보 7분
500m

17:30
성품서점

타이베이의 시민들을 위한
오래된 서점

18:30
타이베이 101 빌딩

낮보다 아름다운 타이베이의 밤을
만나 볼 수 있는 공간

20:00
낙천황조

색다르게 즐길 수 있는
8색 샤오롱바오 맛집

DAY 4

10:00
행천궁
관우신을 모신 도교 사원

도보 12분
950m

11:00
상인수산
맛있는 초밥을 먹을 수 있는
수산 시장

택시 10분
3km

도보 10분
700m

13:30
규슈 팬케이크
밀과 곡물을 섞어 만든 건강한 팬케
이크를 맛볼 수 있는 곳

12:30
서니힐
파인애플 함량 100%의 펑리수를
먹을 수 있는 가게

예상 경비 (1인 기준) 합계 410,000원~

숙박비 150,000원~   교통비 20,000원~   식비 130,000원~   간식비 50,000원~
입장료 35,000원~   기타 25,000원~

규슈 팬케이크

여유롭게 산책하듯 둘러보며 즐거운 추억을 만들 수 있는 여행

모녀가 함께하는
타이베이 4박 5일

DAY 1

도보 5분
250m

16:00
쓰쓰난춘
낡은 촌락에서 시민을 위한 문화 전시
공간으로 재 탄생한 곳

17:00
타이베이 101 빌딩
타이베이 시내가 다 보이는 89층의 탁 트인
실내 전망대

도보 5분
350m

택시 7분
1.6km

20:30
아이스 몬스터
〈꽃보다 할배〉 출연자들도 반한
달콤한 망고빙수 맛집

19:00
키키 레스토랑
캐주얼한 전통 사천요리 레스토랑

DAY 2

버스 10분 +
MRT 30분
8.5km

도보 8분
700m

도보 4분
300m

10:00
국립 고궁 박물원
세계 4대 박물관 중 한 곳

12:30
만래 온천 라면
온천수를 이용해 끓인 라면과
반숙 온천 계란을 맛볼 수 있는 곳

13:30
지열곡
자욱한 유황 연기가 펼쳐지는 온천

14:00
빌라 32
최고의 호사를 누릴 수 있는
고급 프라이빗 온천

도보 10분 +
MRT 21분
12km

16:30
용제수만
단수이의 아름다운 해안가를 바라보며
차 한잔의 여유를 즐길 수 있는 곳

도보 3분 +
페리 10분
4km

17:00
위런마터우
로맨틱한 노을과 아름다운
'연인의 다리'가 있는 항구

20:30
미라마 엔터테인먼트 파크
100m 높이의 근사한 관람차가 있는
타이베이 대표 쇼핑센터

셔틀버스
15분
5km

19:00
스린 야시장
철판 요리, 굴전, 소시지 등 풍성한 먹거리들로
가득한 야시장

버스 20분 +
MRT 28분
22km

DAY 3

10:00
임가 화원
싱그러운 정원과 연못, 정자 등
옛 모습을 잘 간직한 고택

도보 10분
+MRT 12분
6km

12:00
용산사
사합원의 중국식 고전 건축 양식의
사원

도보 8분
650m

13:00
삼미식당
엄청난 크기의 연어초밥을
자랑하는 타이베이 맛집

도보 9분
750m

19:00
마라 훠궈
타이베이에서 꼭 맛봐야 하는
훠궈 맛집

도보 2분
150m

17:00
988 홍루양생회관
족욕과 전문적인 마사지로
여행의 피로를 푸는 곳

도보 6분
450m

15:30
삼형매
타이베이 3대 빙수집 중 한 곳

도보 5분
400m

14:30
16 공방
젊고 감각적인 디자인
가게들이 모여 있는 곳

DAY 4

기차 21분 10km

10:30
허우둥
사랑스러운 고양이가 가득한
고양이 마을

도보 1분 20m

12:30
스펀 천등 날리기
엄마와 함께 소원을 담은
천등 날리기

13:30
닭 날개 볶음밥
스펀 라오제의 명물

기차 25분
+ 버스 20분 17km

버스 90분 34km

20:30
라오허제 관광 야시장
포장마차들이 길게 펼쳐져 있는
쑹산의 관광 야시장

도보 7분 400m

18:00
아메이차관
〈센과 치히로의 행방불명〉의 배경
이 된 지우펀의 유명 찻집

17:00
지우펀
홍등으로 유명한
영화 〈비정성시〉의 마을

DAY 5

도보 3분 100m

10:00
국립 중정 기념당
자유 광장에서 배경으로 기념사진
찍기 좋은 장제스 전 총통 기념당.

도보 12분 1km

11:00
춘수당
밀크티의 원조 집

도보 7분 500m

12:00
노장우육면
매콤한 우육면 맛집

13:00
이지셩
누가 크래커, 펑리수로 인기인
베이커리 매장

예상 경비 (1인 기준) 합계 512,000원~

숙박비 200,000원~   교통비 27,000원~   식비 105,000원~   간식비 40,000원~
입장료 40,000원~   온천, 마사지, 천등 100,000원~

타이베이에서 떠오르는 핫 플레이스와 숨겨진 명소를 둘러보는 여행

숨겨진 보물 같은 곳
타이베이 3박 4일

DAY 1

16:00
굿초
타이완의 특색이 가득한 디자인 숍

도보 5분
250m

도보 12분
800m

19:00
낙천황조
8가지 다양한 샤오롱바오로
유명한 맛집

17:30
타이베이 101 빌딩
타이베이 시내를 조망할 수 있는 전망대

화첨과실

花甜果室

BLOSSOMING JUICE

DAY 2

도보 1분
10m

10:00
송산문창원구

새롭게 변신한 오래된 담배 공장

도보 2분
50m

10:30
송언소매소

양말, 에코백, 엽서 등 아기자기한
제품들로 가득한 매장

11:30
청견행복

오르골 소리를 들으며 여유롭게
커피 한잔 즐길 수 있는 곳

도보 10분
+ MRT 2분
1.3km

도보 4분
250m

14:30
드립 카페

달콤한 디저트와 향기로운 커피로
즐기는 브런치

도보 5분
1km

14:00
둥취

분위기 좋은 카페, 트렌디한
숍들이 모여 있는 동네

건물 내
이동

16:00
브리즈 센터

미국식 스타일의 복합 쇼핑몰

도보 7분
450m

17:00
흑송세계

타이완 현지 음료 브랜드 역사를
둘러볼 수 있는 곳

18:00
만저다

싱싱한 해산물이 올라간 돈부리 맛집

DAY 3

도보 10분
800m

10:00
일성주자행
지금은 보기 힘든 활자 인쇄를
체험할 수 있는 인쇄소

11:30
광일가배
따스한 햇살이 들어오는
브런치가 맛있는 카페

도보 10분
+ MRT 2분
2km

도보 10분
+ MRT 11분
6km

도보 1분
40m

15:30
진삼정
개구리알 같은 타피오카가 들어간
달콤한 밀크티 맛집

14:00
민이청
따뜻한 차 한잔과 함께 독특한
도자기들을 구경할 수 있는 상점

13:00
하해성황묘
운명의 연인을 짝지어 준다는
월하노인을 모신 사원

도보 13분
1km

도보 + MRT
35분

16:00
보장암 국제 예술촌
옛날 달동네 모습을 간직한 예술촌

18:00
임동방 우육면
현지인들이 즐겨 찾는 우육면 맛집

보장암 국제 예술촌

 DAY 4

택시 10분
2.5km

10:30
상인수산
직접 손질해 주는 해산물을 구입할
수 있는 오픈 키친 마켓

12:00
푸진제
복잡한 도심에서 벗어나 한적하고
여유로운 분위기가 느껴지는 골목

도보 6분
400m

공항으로
이동

도보 9분
650m

12:30
우루무루
홈메이드 스타일의 디저트에
따뜻한 커피가 맛있는 카페

13:30
서니힐
파인애플 함량 100%의 새콤달콤
한 펑리수 맛집

예상 경비 (1인 기준) 합계 340,000원~

숙박비 150,000원~ 교통비 20,000원~ 식비 106,000원~
간식비 40,000원~ 입장료 24,000원~

타이베이는 물론 지우펀, 단수이까지 알차게 즐길 수 있는 여행

근교까지 둘러보는
타이베이 4박 5일

DAY 1

버스 20분 +
MRT 28분
22km

택시 30분
10km

17:00
단수이
영화 《말할 수 없는 비밀》의 촬영지와
아름다운 노을이 멋진 여행지

19:00
스린 야시장
망고빙수, 굴전, 지파이, 스테이크 등
다양한 먹거리가 가득한 야시장

21:00
더 톱
양명산에서 바라보는 타이베이의
야경을 감상할 수 있는 식당

DAY 2

도보 5분 +
버스 80분 +
39km

도보 4분
220m

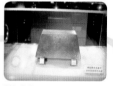

10:10
예류 지질 공원
바다가 빚어낸 신비로운 자연 경관

13:00
광공식당
진과스의 명물로 꼽히는
광부 도시락 맛집

14:00
황금 박물관
세계에서 가장 무거운 금괴를
볼 수 있는 박물관

도보 7분 +
버스 15분 4km

도보 1분
50m

도보 7분
400m

19:00
수치루
어두운 밤을 붉게 물들이는 홍등이
가득한 거리

17:30
시드차
타이완에서 생산되는 명차와 오곡
차를 맛볼 수 있는 카페

16:30
지산제
지우펀 여행의 시작

도보 2분
100m

10:00
송산문창원구
타이베이 시 정부의 문화 프로젝트
로 새롭게 태어난 문화 공간

도보 15분
1.5km

11:00
장생곡립
대만 현지 농부들이 직접 생산한
특산품과 차를 판매하는 곳

12:00
키키 레스토랑
매콤함과 담백함이 일품인
전통 사천요리 레스토랑

도보 13분
1km

도보 3분 +
MRT 10분
5.5km

17:00
서문홍루
시먼딩의 랜드마크

도보 7분
500m

15:00
드립 카페
달콤한 커피로 여심을 사로잡은
디저트 카페

14:00
VVG 섬싱
유니크하면서 빈티지한 감성이
매력적인 서점

도보 3분
150m

도보 8분
600m

18:30
988 홍루양생회관
여행의 피로를 풀어 주는 마사지받기

도보 3분
220m

20:00
마라 훠궈
훠궈와 과일, 음료, 디저트까지 무
제한으로 즐길 수 있는 훠궈 맛집

21:30
까르푸
타이베이에서 빼놓을 수 없는
현지 쇼핑센터

DAY 4

10:00
우라이 라오제
우라이 지역 특색을 잘 엿볼 수 있는 소박한 라오제

버스 5분
1km

11:30
볼란도
아름다운 자연 풍경과 에메랄드 빛 온천 강이 내려다보이는 온천

버스 30분 + MRT 17분
25km

도보 1분
20m

17:00
스무시
입에서 사르르 녹는 눈꽃 빙수 맛집

도보 12분
900m

16:00
천진총조병
쫀쫀하게 찰진 대표 간식 총좌빙을 맛볼 수 있는 곳

14:00
국립 중정 기념당
정각마다 위병 교대식이 열리는 장제스 전 총통 기념당

도보 5분 + MRT 9분
3.5km

도보 12분
950m

18:30
타이베이 101 빌딩
타이베이 시내의 전망을 360도로 볼 수 있는 전망대

20:00
챔피언 비프 누들
CNN에서 선정한 가장 맛있는 우육면집 중 한 곳

DAY 5

버스 10분 +
MRT 11분
14km

10:00
국립 고궁 박물원
중국 5천 년의 역사를 볼 수 있는
박물관

13:00
경성우
타이완의 명차를 맛볼 수 있는 곳

공항으로
이동

도보 2분
150m

13:30
팀호완
홍콩에서 건너온 딤섬 맛집

예상 경비(1인 기준) 합계 **549,000원~**

숙박비 200,000원~   교통비 55,000원~   식비105,000원~   간식비 75,000원~
입장료 40,000원~   마사지, 온천 75,000원~

TAIPEI

트　래　블
버　킷　리　스　트

타이베이에서 놓쳐선 안 될
대표 음식 맛보기

훠궈 火鍋

진하게 끓인 육수에 고기와 해산물, 야채를 익혀 먹는 요리로, 샤오롱바오와 함께 타이베이에 간다면 꼭 먹어 봐야 하는 음식이다. 시내 곳곳에서 쉽게 만나 볼 수 있으며 정해진 시간 동안 고기와 음료, 디저트까지 마음껏 먹을 수 있는 뷔페식도 많다.

망고빙수

타이완은 눈꽃 빙수의 근원지로 시원하고 부드러운 아이스크림에 달콤한 망고는 타이베이 여행에서 누릴 수 있는 호사 중 하나다. 가격도 저렴하고 양도 푸짐한 망고빙수는 1일 1빙수로 즐겨도 괜찮을 정도로 **빼놓을 수 없는 필수 코스다.**

우육면 牛肉麵 [니우러우미엔]

진한 육수와 부드러운 고기가 일품인 우육면은 타이완의 면 요리 중에서 국민 메뉴로 손꼽히는 소고기국수다. 담백하고 매콤한 탕에 쫄깃한 면발과 두툼한 소고기는 면 요리를 좋아하는 사람이라면 꼭 먹어 봐야 할 음식이다.

샤오롱바오 小籠包

얇은 피 속에 다진 고기와 채소로 속을 채운 샤오롱바오는 딤섬 가운데 가장 인기가 높다. 바로 나온 샤오롱바오는 육즙이 뜨겁기 때문에 피에 구멍을 내어 먼저 먹는 것이 좋다. 세계적인 딤섬 체인점 딘타이펑의 본점 말고도 현지 딤섬 전문 레스토랑들이 모여 있어 그야말로 샤오롱바오의 천국이라 할 수 있다.

전주나이차 珍珠奶茶

전주나이차는 전주(타피오카)가 들어간 나이차(밀크티)로 흔히 버블티로 많이 알려져 있다. 타이완은 전주나이차의 본고장으로 한국인들에게 친숙한 공차는 물론 버블티를 처음 만든 춘수당, 50란, 코코 등 다양한 브랜드의 전주나이차를 만나 볼 수 있다.

후쟈오빙 胡椒餅

다진 돼지고기와 파를 화덕에 구운 후추빵으로, 야시장에서 쉽게 맛볼 수 있는 간식이다. 뜨거운 화덕에 구워 기름기가 빠지면서 겉은 바삭해지고 속은 담백하면서 진한 육즙이 들어 매우 맛있다. 갓 구운 후쟈오빙은 매우 뜨겁기 때문에 살짝 식혀 먹는 것이 좋다.

밀크티 천국, 타이베이에서 다양하게 마셔 보기

50란 50嵐

타이베이에서 가장 대중적인 티 숍으로, 타피오카가 다른 브랜드에 비해 단 편이다. 게다가 타피오카 사이즈까지 골라먹을 수 있다. 시즌별로 한정 메뉴도 론칭하고 있는데 항상 인기가 많다.

코코 Coco

주황색 간판에 귀여운 캐릭터가 멀리서도 눈에 띄는 코코는 오랜 전통으로 버블티 고유의 맛을 느낄 수 있어 현지인들에게 사랑받는 티 숍이다. 밀크티 이외에 열대 과일이 들어간 음료도 인기가 많다.

춘수당 春水堂

전주나이차를 처음 개발한 원조가 바로 이곳 춘수당이다. 확실히 원조답게 다른 곳과는 다른 비주얼과 크기를 자랑한다. 전주나이차 이외에도 간단한 식사도 가능하다. 전주나이차 스몰 사이즈 가격이 NT$80이다.

진삼정 陳三鼎

타이완 3대 나이차라 불릴 정도로 타이베이에서 전주나이차로 유명한 곳이다. 가루를 사용하는 다른 나이차와는 다르게 진삼정에서는 생우유에 흑설탕을 졸인 달콤한 타피오카를 넣는데 고소한 향과 달콤함이 정말 환상적인 조화를 이룬다.

타이거 슈가 老虎堂

최근 대만 전역에서 유행하는 블랙 밀크티 매장. 담백한 우유에 진한 달콤함이 매력인 흑설탕과 쫄깃한 타피오카가 담긴 버블티가 마치 호랑이 무늬와 비슷해서 젊은이들 사이에서 순식간에 소문이 나면서 큰 인기를 얻고 있다. 일반 버블티와는 다르게 우유를 따뜻하게 담아주며 설탕이 우유와 잘 섞이게 흔든 후 마시는 것이 좋다.

주문법

타이완에서는 특정 메뉴를 제외하고는 음료의 당도와 얼음을 원하는 대로 주문할 수 있다.

얼음 둬빙多冰 100% / 샤오빙少冰 70%
　　　 웨이빙微冰 30% / 취빙去冰 0%

당도 정탕正常 100% / 샤오탕少糖 70%
　　　 반탕半糖 50% / 웨이탕微糖 30% / 우탕無糖 0%

*매장마다 조금씩 상이할 수 있다.

Travel Tip

糖 度 區 分	
Degrees of Sweetness	
正常 Normal	十分 100%
少糖 Less Sugar	七分 70%
半糖 Half Sugar	五分 50%
微糖 Low Sugar	三分 30%
無糖 NO Sugar	零 0%
去冰 NO Ice	少冰 Few Ice

타이베이 올드 타운과
문화 예술의 공간 체험하기

보장암 국제 예술촌 寶藏巖 藝術村
언뜻 보면 오래된 달동네 같은 보장암 예술촌은 세계에서 모인 다양한 예술가들이 주민들과 함께 거주하며 문화 예술촌을 형성한 곳이다. 보장암을 지나 구불구불한 길을 따라 걷다 보면 아티스트들의 전시는 물론 직접 체험하는 다양한 프로그램들을 경험할 수 있다. 작업실은 물론 예술촌의 모든 공간을 활용해 예술 소재로 사용해서 마을 구석구석에서도 재미난 작품들을 만나 볼 수 있어 산책하듯 천천히 둘러보자.

쓰쓰난춘 四四南村

쓰쓰난춘은 원래 1949년 이후 중국 대륙에서 건너온 군인들과 가족들이 살던 곳으로 원래는 재개발을 위해 철거 위기에 처했었다. 하지만 타이베이 시 정부와 주민들의 노력으로 문화 전시 공간으로 탈바꿈해 그 모습을 간직할 수 있게 됐다. 지금은 고층 건물이 즐비한 신이 지역에서 낡은 모습의 촌락이 묘한 조화를 이룬 독특한 분위기와 타이베이 101 빌딩이 한눈에 들어오는 곳이라 출사지로 인기가 많다. 주말이면 중앙 공터에서는 색다른 심플 마켓도 열린다.

디화제 迪化街

오래된 디화제 거리로 젊은이들이 찾아 들기 시작했다. 100년이 넘는 오래된 건축물들 사이로 젊은 예술가들과 디자이너들이 문을 연 공방, 분위기 좋은 카페와 레스토랑, 작업실이 들어오고 촌스러운 거리에 과거와 현재가 조화를 이루면서 촌스럽던 디화제의 모습이 점점 변하고 있다. 이렇게 새로운 문화 예술 골목으로 바뀌면서 타이베이 젊은이들은 물론 관광객들에게도 관광 명소로 떠올랐다.

송산문창원구 松山文創園區

오래된 담배 공장이 문화 프로젝트를 통해 시민들을 위한 복합 문화 예술 공간으로 변신했다. 단지 주변으로는 조그마한 호수와 산책로가 조성돼 있어 산책을 즐기는 시민들과 가족들에게 쉼터를 제공한다. 옛 모습을 고스란히 간직한 담배 공장에서는 다채로운 공연과 전시회를 통해 타이베이의 문화 예술을 쉽게 접할 수 있어 시민들은 물론 관광객들에게도 사랑받고 있다.

화산 1914 문화창의산업원구 華山1914文化創意產業園區

화산 1914 문화창의산업원구는 1914년에 지어진 낡은 양조장이 새롭게 단장해 타이베이의 핫 플레이스로 거듭난 곳이다. 시간의 흐름이 멈춘 듯한 옛 건물들 안에는 젊은 디자이너들이 오픈한 숍, DIY 오르골 매장같이 매력적인 소품점, 카페, 갤러리, 레스토랑, 영화관 등이 들어서 있다. 타이베이를 대표하는 복합 문화 예술 공간답게 야외와 갤러리에서는 1년 내내 다양한 공연과 전시회도 열려 예술을 사랑하는 시민들의 발길이 끊이질 않는다.

타이베이의 밤이 즐거운
야시장 둘러보기

스린 야시장 士林夜市

타이베이를 대표하는 야시장으로 어마어마한 규모를 자랑하는 스린 야시장은, 유명세만큼 365일 내내 관광객들과 현지인들로 북적거린다. 각종 노점과 식당들이 모여 있는 미식 거리에선 굴전, 철판 요리 등 타이베이에서 꼭 먹어 봐야 할 각종 먹거리를 판매하고 있다. 패션 잡화 매장들이 길게 늘어서 있는 쇼핑 거리에선 한국 관광객들이 많이 찾는 망고 젤리와 함께 특색 있는 기념품, 액세서리, 콘텍트 렌즈 등을 구입할 수 있어 다양한 간식들을 먹으며 천천히 둘러보는 것이 좋다.

위치 MRT 젠탄(劍潭)역 1번 출구로 나가서 왼쪽으로 건너면 바로

라오허제 관광 야시장

지룽 강 옆에 길게 뻗어 있는 라오허제 관광 야시장은 다양한 포장마차들이 길게 펼쳐져 있는 타이베이 제2의 야시장이다. 화려한 야시장 입구로 들어서면 라오허제 야시장의 명물인 후쟈오빙부터 굴전, 빙수 등 간식들이 반겨 주며 건물 안쪽에서는 의류, 잡화, 액세서리 등을 판매하고 있다. 예전에는 주로 타이베이 시민들이 찾는 곳이었으나 MRT 노선이 생기면서 주말이면 관광객들도 많이 찾아 인산인해를 이룬다.

위치 MRT 쑹산(松山)역 1, 2번 출구에서 도보 2분

사대 야시장

타이완 사범 대학 주변 일대에 위치한 사대 야시장은 주변 학교 학생들로 인해 언제나 젊은 열기가 넘치는 곳이다. 무엇보다 세계 각국에서 온 유학생들이 많아 이국적인 음식들을 맛볼 수 있어 색다른 재미를 느낄 수 있다. 좁은 골목길 사이로 잡화점, 옷 가게, 액세서리 매장이 있으며 간장을 베이스로 한 국물에 채소, 당면 등을 함께 끓이는 루웨이, 철판 스테이크, 크레이프 등은 사대 야시장에서 먹어 봐야 할 대표 먹거리다. 수업이 끝나는 늦은 오후부터 활기를 띠기 시작하며 주말이나 저녁이 되면 홍대 길거리처럼 버스킹이나 공연을 하는 모습도 볼 수 있다.

위치 MRT 타이디엔다러우(台電大樓)역 3번 출구로 나가서 우회전 후 직진해서 오른쪽

닝샤 야시장

중산역 부근의 야시장으로, 오후가 되면 도로 위에 하나둘씩 노점이 들어서며 야시장을 형성한다. 다른 야시장들에 비해 소박함이 느껴지는 닝샤 야시장에서는 현지인들이 좋아하는 전통 먹거리들을 저렴하게 만나 볼 수 있다. 비교적 도심 한가운데 위치해서 찾아가기 좋아 늦은 저녁 방문하기에도 부담 없다.

위치 MRT 중산(中山)역 5번 출구로 나간 후 오른쪽으로 직진(도보 5분)

타이베이에서 경험해야 할
온천 & 마사지로 힐링하기

베이터우 온천

타이베이에서 가장 가까운 온천 마을인 베이터우는 MRT로 편리하게 이동이 가능해 현지인들과 관광객들이 많이 찾는 곳이다. 몸에 좋은 라듐이 소량 함유된 베이터우 석에서 나오는 베이터우 온천수는 유황 냄새가 나는데 이런 유황 온천은 세계에서 일본의 다마가와 온천과 타이완의 베이터우 온천 두 곳뿐이다. 일반 대중 탕부터 프라이빗 고급 온천 호텔까지 다양한 시설의 온천 호텔들이 들어서 있으며 유황 온천이 흐르는 천 옆으로는 녹음이 울창한 삼림과 여유롭게 산책을 즐길 수 있는 산책로가 잘 조성돼 있다.

위치 MRT 신베이터우(新北投)역에서 하차 **추천 온천 회관** 빌라 32, 골든 핫 스프링 호텔

우라이 온천

타이베이 남쪽에 위치한 우라이 온천은 무취 무색의 탄산 온천으로 유명한 온천 마을로 폭포와 계곡이 흐르는 초록빛 자연에서 온천욕을 즐길 수 있다. 울창한 산으로 둘러싸인 우라이의 온천수는 훌륭한 수질을 자랑하며, 피부 미용에 좋아 젊은 여성들도 많이 찾아와 온천을 즐긴다. 온천 이외에도 라오 제에서는 우라이 지역의 특산품들을 만나 볼 수 있으며 미니 열차, 우라이 폭포, 케이블카 등 다양한 볼거리도 가득한 여행지다.

위치 MRT 신디엔(新店)역에서 나가 오른쪽 버스 정류장에서 849번 버스 탑승 후 종점에서 하차 **추천 온천 회관** 볼란도

로얄 발리 | Royal Bali 皇家峇里

시먼딩에서 수준급의 마사지 솜씨와 서비스로 한국인들에게 인기가 많은 발 마사지 전문점이다. 1층으로 들어서면 아늑한 조명과 곳곳의 인테리어가 마치 발리에 온 듯하며 일반 마사지 숍과는 다른 우아하면서도 조용한 분위기를 연출한다. 1층은 발 마사지, 2층은 전신 마사지를 받을 수 있으며 일반 마사지 이외에도 전신 오일 마사지, 경락 마사지는 물론 각질 제거 같은 피부 관리까지 받을 수 있다. 한국어를 구사하는 직원이 있으며 무료 와이파이도 설치돼 있어 한국 여행객들이 이용하기에 편리하다.(로얄 파리 발마사지 숍과는 다른 지점이니 주의하자)

주소 台北市萬華區昆明街 82號 **위치** MRT 시먼(西門)역 6번 출구에서 도보 5분 **시간** 10:00~27:00 **가격** NT$500(발 마사지 40분) **홈페이지** www.royalbali.com.tw **전화** 02-6630-8080(*로얄 파리 발마사지 숍과는 다른 지점이니 주의)

988 홍루양생회관 | 988 紅樓養生會館

오픈한 지 얼마 안 된 발 마사지 전문점으로, 한국 사람들은 '시먼 988 마사지'라고 부르는 곳이다. 실내는 깔끔한 인테리어와 쾌적하면서도 편안한 분위기를 연출한 것이 돋보인다. 마사지 전에 뜨거운 물로 족욕한 후 관리사가 발바닥의 혈을 지압하면서 피로를 풀어 준다. 발에 위치한 신체 각종 부위가 적혀 있는 안내 종이를 전해 주니 지압을 받으면서 유독 통증이 심한 곳이 있으면 그 부위가 어디인

지 확인해 볼 수 있다. 낮에는 반값, 시간 연장 같은 할인 행사도 진행해서 주머니 사정이 넉넉하지 않은 관광객들에게도 인기가 많다.

주소 台北市萬華區成都路 34號 **위치** MRT 시먼(西門)역 1번 출구로 나와 직진(도보 3분) **시간** 9:00~26:00 **가격** NT$500(발 마사지 40분), NT$1,000(전신 마사지 70분) **전화** 02-2314-9977

타이베이에서 빠져선 안 될
쇼핑 & 기념품 사기

펑리수

타이완의 대표 특산품인 파인애플 케이크, 펑리수는 고소한 버터 향이 나는 빵에 상큼한 파인애플이 들어가 남녀노소 누구나 좋아하는 간식이다. 일반 마트와 베이커리 매장에서 구입할 수 있다.

구입처 치아더, 서니힐, 마트

누가 크래커

펑리수의 인기를 바짝 뒤쫓고 있는 간식으로, 바삭한 크래커에 쫀득하면서 달콤한 누가가 듬뿍 들어간 크래커다. 대부분이 수제로 만들어서 각 매장마다 맛이 다르기 때문에 비교해서 먹어 보는 재미도 있다. 전자레인지에 10초 정도 돌려서 먹으면 더욱 맛있다.

구입처 미미, 지우펀 누가 크래커, 마트

진먼 고량주

타이완의 대표 전통주로 진먼 섬에서 만든 술이다. 화학 첨가물을 넣지 않아 부드러우면서 향이 진하고 숙취가 없어 애주가들에게 인기 만점인 기념품이다. 공항보다는 시내 대형 마트에서 구입하는 것이 저렴하며 도수에 따라 가격이 다르다.

구입처 마트, 면세점

타이완 차

고온 다습한 기후로 차를 재배하기에 천혜의 자연 조건을 가진 타이완에서는 우롱차, 철관음 같은 다양한 차를 쉽게 구입할 수 있다. 대형 마트나 백화점에서 구입 가능하며 조금 더 품질이 좋은 차를 구입하려면 전문 매장을 방문해 보자.

구입처 왕덕전, 천인명차, 시드차, 아메이차관, 경성우

44

오르골

청아한 음악 소리와 함께 귀엽고 깜찍한 장식품들이 돌아가는 핸드메이드 오르골. 원형 오르골 이외에도 트레이, 트리같이 크기와 형태도 다양하다. 직접 나만의 오르골을 만드는 DIY 교실도 인기가 있다.

구입처 우더풀 라이프, 성품서점, 청견행복

NT $700~

NT $10~

엽서

지우펀의 수치루, 고양이 마을 허우둥, 타이베이의 랜드마크 101 빌딩 등 타이완과 타이베이의 관광 명소가 담긴 엽서는 여행의 추억을 기억하기에 가장 좋은 기념품 중 하나다.

구입처 타이베이 101 빌딩, 일침일선

캐릭터 상품

도라에몽, 가오나시, 미니언즈 등 친숙하고 깜찍한 애니메이션 캐릭터들이 그려진 파우치, USB, 이어폰 줄 감개, 네임 태그는 야시장 쇼핑 리스트에서 빠질 수 없는 아이템이다. 가격도 저렴하고 생각보다 유용한 아이템들도 많다.

구입처 스린 야시장, 시먼딩 보행자 거리

NT $100~

NT $400~

NT $60~

머그컵 & 물고기잔

특정 도시나 국가명이 적힌 머그컵과 텀블러에는 단수이, 타이베이 101 빌딩, 국립 중정 기념당과 같은 명소들이 디테일하게 묘사돼 있어 여행을 추억하기에 좋은 기념품이며, 작은 금붕어가 담겨 있는 찻잔은 기념품은 물론 선물용으로도 인기가 많다.

구입처 스타벅스, 타이베이 기차역 지하상가, 지우펀

타이베이 슈퍼마켓에서
현지인처럼 장 보기

까르푸 家樂福

타이베이에만 10개의 지점이 있는 대형 마트다. 밀크티, 망고 젤리, 진면 고량주 등 타이베이 여행에서 인기 있는 아이템들을 한 곳에서 볼 수 있다. 시먼딩점은 24시간 문을 열어 언제든지 방문할 수 있어 여행자들에게 인기가 많다.

주소 台北市萬華區桂林路 1號 **시간** 24시간 **홈페이지** www.carrefour.com.tw **전화** 02-2388-9887

RT 마트 大潤發

타이베이에서 비교적 대중적인 슈퍼마켓으로, 주로 현지인들이 방문하는 곳이다. 둥취에 있는 중룬점中崙店은 3천 평 규모에 타이완 크래커, 열대 과일, 맥주 등을 알뜰하게 구입할 수 있으며 한국인들에게 인기 있는 제품들도 충분히 갖추고 있다.

주소 台北市中山區八德路 2段 306號 **시간** 7:30~23:00 **홈페이지** www.rt-mart.com.tw **전화** 02-2779-0006

제이슨 마켓 플레이스
JASONS MARKET PLACE

대형 백화점에 입점해 있는 고급 슈퍼 마켓으로 까르푸, RT 마트에 비하면 규모는 작지만 세계 각국에서 수입한 식품과 유기농 식자재들을 판매하고 있다.

주소 台北市信義區信義路 5段 7號 **시간** 9:00~22:00 **홈페이지** www.jasons.com.tw **전화** 02-8101-8701

망고 젤리

탱글탱글한 젤리를 한 입 베어 물면 달콤한 망고 향이 입안 가득 퍼지는 망고 젤리는 타이베이 쇼핑 리스트에서 빠지지 않는 단골 손님이다. 유키 앤드 러브와 밤부 하우스 망고 젤리가 맛있는 편이다.

3시 15분 밀크티 三點一刻

밀크티를 좋아하는 사람들에게 가장 인기가 많은 아이템이다. 오리지널, 얼그레이, 로스티드 등 한국보다 종류도 다양하고 타이완에서 구입하는 것이 훨씬 저렴하다. 따뜻한 우유에 넣어 마시면 훨씬 더 진한 향과 풍미를 느낄 수 있다.

미스터 브라운 밀크티

3시 15분 밀크티와 함께 많이 구입하는 제품이다. 티백이 아닌 분말이라 진한 맛이 특징이다.

구미 초콜릿 Gummy

달콤한 초콜릿 안에 상큼한 젤리가 들어가 한 번 먹으면 금세 비우게 되는 중독적인 맛을 자랑한다. 포도와 딸기가 들어간 종류가 인기 있으며 최근에는 파인애플 맛 젤리가 들어간 초콜릿도 출시했다.

타이완 맥주

타이완 현지 브랜드인 타이완 비어부터 망고, 바나나 향이 나는 과일 맥주는 도수도 낮고 달콤해 남성들은 물론 여성들에게도 인기가 많다.

만한대찬 滿漢大餐

칼국수 같은 면발에 큼지막한 고기, 매콤한 국물로 여행객들의 입맛을 사로잡은 타이완 라면이다. 총 4가지 맛이 있으며 홍샤오니우러우미엔紅燒牛肉麵, 매운 소고기 맛의 마라궈니우러우미엔麻辣鍋牛肉麵이 가장 인기가 많다.

*한국은 현재 생고기 및 햄, 소시지, 육포와 같은 육가공품은 반입이 제한돼 있어서 만한대찬은 한국에 갖고 들어올 수 없다.

타이베이 드러그 스토어에서
알찬 화장품 쇼핑하기

🏪 드러그 스토어 매장

왓슨스 watsons

타이완 전역에 약 400여 개의 매장을 거느리고 있는 타이완 No.1 드러그 스토어다. 코스메틱 제품 이외에도 생활용품, 약품 등 웬만한 제품은 모두 구비돼 있어 쇼핑하기 편리하다. 타이완 현지 브랜드인 Dr. WU, Majolica Majorca 등의 제품들과 인기 제품들은 상시 할인 행사로 저렴하게 구입할 수 있다.

코스메드 COSMED

왓슨스와 함께 가장 쉽게 발견할 수 있는 드러그 스토어다. 왓슨스와 라이벌 의식이 있어 항상 동시에 할인 행사를 진행한다. 퍼펙트 휩, 곰돌이 방향제, 달리 치약과 같은 인기 제품들은 따로 프로모션을 진행하므로 다른 드러그 스토어와 잘 비교해 보고 구입하는 것이 좋다.

일약본포 日藥本舖 [르야오번푸]

일본 화장품 브랜드 전문 판매 매장으로, 화장품뿐만 아니라 각종 식품, 생활용품들을 판매하고 있다. 실용적이면서 귀여운 일본 현지 제품들을 비교적 저렴하게 구입할 수 있어서 젊은 여성들에게 인기가 많다. 타이베이에 총 10개의 매장이 있으며 시먼딩에 있는 매장은 3층까지의 규모로 되어 쇼핑하기에 좋다.

쇼핑 리스트

NT $99~

퍼펙트 휩 Perfect Whip

뛰어난 세정력과 수분 유지력을 자랑하는 클렌징 제품 퍼펙트 휩은 한국보다 저렴한 가격에 구입할 수 있어 여성 여행자들에게 언제나 인기 No.1인 아이템이다.

NT $135~

시세이도 뷰러 SHISEIDO Curler

자연스럽게 눈썹을 올려 눈매를 뚜렷하게 보이게 해 주는 시세이도 뷰러. 보통 1개보다는 3개 묶음으로 많이 판매하고 있다.

NT $139~

휴족시간 休足時間

발바닥과 종아리에 붙이면 시원한 느낌과 함께 여행에 지친 피로를 풀어 주는 쿨링 시트다. 숙소에서 잠들기 전 붙이고 자면 다음 날 더욱 개운하게 여행을 즐길 수 있다.

NT $120~

강위산 强胃散

맛있는 음식들로 힘들어 하는 위를 위해 필요한 아이템이다. 소화가 안 될 때 한 스푼 떠서 먹으면 곧바로 효과를 볼 수 있다. 소화 때문에 힘들어 하시는 어르신들에게 선물용으로 좋다.

NT $59~

달리 치약 Darlie

홍콩 쇼핑 리스트에서 항상 빠지지 않는 달리 치약의 본사가 바로 타이완에 있다. 흑인 치약이라고도 불리는 달리 치약은 강력한 화이트닝 효과와 청량감으로 여행객들에게 인기가 많다.

타이거 밤 TIGER BALM

NT $67~

일명 호랑이 연고라 불리는 만병통치약으로, 근육통과 피부 멍, 벌레 물린 곳에 바르면 빠른 진정 효과를 느낄 수 있다.

NT $68~

곰돌이 방향제 스프레이 熊寶貝清新噴霧

휴대용으로 갖고 다니기 좋은 곰돌이 방향제 스프레이다. 여행 중 땀에 젖은 옷에 가볍게 뿌려 주면 상쾌한 향기와 함께 탈취 효과를 볼 수 있다.

NT $228~

비오레 UV 아쿠아 리치 워터리 젤
Bioré UV AQUA Rich Watery Gel

여름철에 꼭 필요한 선크림 제품들 중에서도 백탁 현상이 없고 발림성이 좋아 많은 여성에게 인생 선크림으로 인기가 많은 제품이다.

NT $69~

그린 오일 GREEN OIL

호랑이 연고를 뒤잇는 제품으로 근육통, 화상, 두통, 생리통까지 효능이 있다.

타이베이 근교까지 가 볼 수 있는 버스, 택시 1일 투어하기

근교 투어는 지우펀, 예류, 스펀과 같이 대중교통을 이용하면 시간이 많이 소요되는 코스를 버스 투어나 택시를 이용해 빠르고 편리하게 둘러볼 수 있어 자유 여행객들이 많이 이용하고 있다.

대중적인 코스
❶ 예류 ➡ 스펀 ➡ 지우펀 ➡ 진과스
❷ 예류 ➡ 허우둥 ➡ 스펀 ➡ 지우펀 ➡ 진과스

★ 한국, 타이완 합법 여행사 리스트는 타이완 관광청 서울 사무소 사이트에서 확인 가능하다.
tourtaiwan.or.kr

버스 투어

버스 투어는 비용이 저렴하고 가이드가 동반해 조금 더 자세한 설명을 들을 수 있다. 반면에 단체로 이동해야 하며 정해진 스케줄에 맞춰 일정을 진행해야 하기 때문에 패키지 같은 느낌이 든다. 1인 혹은 2인일 경우 버스 투어가 비교적 적합하다.

예약하기 포털 사이트에서 '타이베이 버스 투어'라고 검색

택시 투어

택시 투어는 일정을 원하는 대로 조정이 가능하고 짧은 시간에 많은 것을 둘러볼 수 있는 장점이 있다. 요금은 인원이 아닌 차량 한 대 가격으로 계산하기 때문에 버스 투어에 비해 요금이 비싼 편이다. 기사님들은 대부분 현지인이기 때문에 중국어, 영어로만 의사소통이 가능하고 무엇보다 합법적으로 영업하는 곳인지 확인하고 예약하는 것이 중요하다.

예약하기 포털 사이트에서 '타이베이 택시 투어'라고 검색

타이베이 영화 속 주인공처럼 촬영지 따라가 보기

그 시절, 우리가 좋아했던 소녀
(那些年，我們一起追的女孩, 2011)

대만판 〈건축학개론〉으로 불리며 아시아는 물론 한국에도 첫사랑 열풍을 몰고 온 〈그 시절, 우리가 좋아했던 소녀〉는 외모, 학업, 성격 어느 것 하나 빠지는 것 없는 션자이 그리고 션자이를 짝사랑하는 말썽꾸러기 커징텅의 모습을 보고 있으면 가슴속 아련한 첫사랑이 강제 소환되는 영화다. 영화 속 내용은 감독인 구파도의 실제 학창 시절을 소재로 했으며 결혼식 장면에서는 카메오로 실제 감독과 친구들이 나오니 놓치지 말자.

★타이베이 속 영화 촬영지 **핑시선**

나의 소녀시대 (我的少女時代, 2015)

2011년 개봉하자마자 대만 영화 흥행 순위 1위에 오른 영화로, 한국에서도 대만 영화 흥행 스코어 1위를 기록했다. 수업 시간에 좋아하는 연예인에게 편지를 쓰며, 인기 많은 남학생을 짝사랑하는 여자 주인공 린전신과 불량 서클의 대장이지만 내면에 슬픔을 간직한 남자 주인공 쉬타이위가 그리는 청춘 로맨스 영화 〈나의 소녀시대〉는 세대를 넘어 누구나 쉽게 공감할 수 있는 소재와 CF 감독 출신 감독의 감성적인 연출, 배우들의 케미가 일품이다. 〈그 시절, 우리가 좋아했던 소녀〉가 남학생의 감성을 잘 담았다면 이 영화는 학창 시절 여학생의 느낌을 잘 표현했으며 영화와 함께 OST도 큰 인기를 얻었다.

★타이베이 속 영화 촬영지 **타이베이 아레나**

말할 수 없는 비밀 (不能說的秘密, 2007)

타이완 가수 주걸륜의 첫 감독 데뷔작으로 실제 주걸륜의 고등학교 시절을 모티브로 해서 흥행에 성공한 작품이다. 주걸륜의 연기와 연출 그리고 교복을 입은 청순한 계륜미가 매력적이며 감성적인 OST까지 어느 것 하나 빼놓을 수 없는 명작이다. 특히 주걸륜이 직접 연주한 피아노 배틀 장면은 수많은 패러디가 쏟아져 나올 정도로 명장면으로 손꼽힌다. 노을이 아름다운 단수이와 교정이 예쁜 담강고등학교는 영화가 개봉한 이후 관광 명소로 유명해졌다.

★타이베이 속 영화 촬영지 **단수이**

카페, 한 사람을 기다리다
(等一個人咖啡, 2014)

〈그 시절, 우리가 좋아했던 소녀〉의 감독 구파도의 소설을 원작으로 한 청춘 로맨스 영화이자 〈나의 소녀시대〉 여주인공 송운화의 스크린 데뷔 작품이다. 이제 막 대학교에 입학한 리쓰잉(송운화)이 학교와 아르바이트 생활을 하면서 겪게 되는 이야기를 담고 있다. 영화 구석구석에서 감독 특유의 유머와 〈나의 소녀시대〉와 다른 느낌의 송운화를 만나 볼 수 있다. 대만 영화를 좋아하는 사람이라면 엔딩 크레딧을 꼭 볼 것을 추천한다. 영화 속 촬영 장소인 카페는 계속 운영 중이다.

TAIPEI
지역 여행

타이베이
台北

타오위안현
桃園縣

신베이시
新北市

신주현
新竹縣

이란현
宜蘭縣

먀오리현
苗栗縣

타이중현
台中縣

장화 현
彰化縣

난터우현
南投縣

화리엔현
花蓮縣

윈린현
雲林縣

펑후섬
澎湖

지아이현
嘉義縣

타이난현
台南縣

가오슝현
高雄縣

타이둥현
台東縣

뤼다오섬
綠島

핑둥현
屏東縣

란위섬
蘭嶼

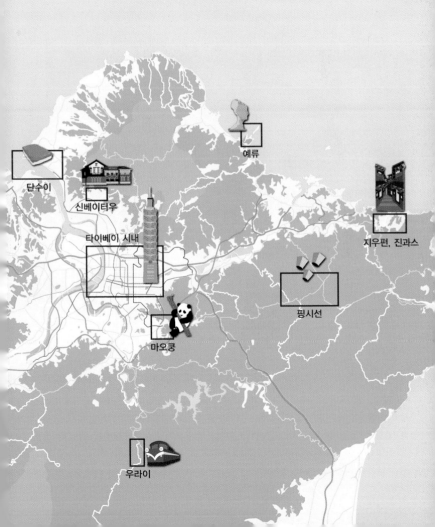

예류

단수이

신베이터우

타이베이 시내

지우펀, 진과스

핑시선

마오쿵

우라이

시먼딩
XIMENDING
TAIPEI

타이베이의 명동이라 불리는 시먼딩은 시내에서 가장 먼저 보행자 도로가 형성된 곳으로 10대 청소년들과 대학생들로 항상 활기가 넘치는 번화가다. 대형 극장들을 비롯해 상점, 의류 매장, 화장품 가게, 마트가 들어서 있으며 우육면, 훠궈, 곱창국수 같은 타이완 명물과 분위기 좋은 카페, 학생들의 주머니 사정을 고려한 저렴하고 맛있는 길거리 음식들까지, 그야말로 쇼핑과 맛집 탐방을 동시에 할 수 있는 필수 여행지다. 용산사와 가까워 함께 둘러보는 것이 좋으며 교통이 편리해 호텔과 저렴한 호스텔들이 모여 있다.

MRT 출구와 연결된 관광지
시먼역은 출구가 많으나 대부분의 관광지는 1번과 6번 출구 쪽에 밀집돼 있다.

시먼西門**역**
- **1번** 서문홍루, 까르푸, 봉대가배, 우점, 황가제국 원앙 마라 훠궈, 팔방운집
- **6번** 아종면선, 진천미, 삼형매, 천천리 미식방, 완년상업

룽산쓰龍山寺**역**
- **1번** 용산사, 보피랴오 역사 거리, 화시제 야시장, 삼미식당

베이먼역
北門站

부굉우육면
富宏牛肉麵

무기와라 스토어
MUGIWARA STORE

일약 본포
日藥本舖

여읍당
如邑堂

저스트 슬립 시먼딩
Just Sleep Ximending

로얄 발리
Royal Bali

천천리 미식방
天天利美食坊

삼형매
三兄妹

타이베이 영화 주제 공원
台北市電影主題公園

모던 토일렛
Modern Toilet

왓슨스
Watsons

50란
50嵐

소피스카
Sophisca

설왕빙기림
雪王冰淇淋

마라 훠궈
麻辣火鍋

화염투자우
火焰骰子牛

선메리
Sunmerry

왕자 치즈 감자王子起士馬鈴薯

마림어생맹해선
馬林漁生猛海鮮

진천미
真川味

만년상업대루
萬年商業大樓

아종면선阿宗麵線

계광향향계繼光香香雞

도기소제淘汽小姐

섬바디 카페
Somebody Café

988 홍루양생회관
988 紅樓養生會館

봉대가배
蜂大咖啡

우점
牛店

서문홍루
西門紅樓

시먼역
西門站

16 공방
16 工房

시티인 호텔
Cityinn Hotel

삼미식당
三味食堂

용푸 아이스크림
永富冰淇淋

팔방운집
八方雲集

황가제국 원앙 마라 훠궈
皇家帝國鴛鴦麻辣火鍋

198 카메라
198 ギャラリー

까르푸
家樂福

화시제 야시장
華西街夜市

용산사
龍山寺

보피랴오 역사 거리
剝皮寮老街

85℃ 데일리 카페
85℃ Daily Café

50란
50嵐

샤오난먼역
小南門站

룽산쓰역
龍山寺站

임가 화원
林家花園

시먼딩 일대 BEST COURSE

로얄 발리

삼형매

진천미

야종면선

서문홍루

용산사

대중적인 코스

용산사와 시먼딩 일대의 관광지와 맛집들을 둘러볼 수 있는
핵심 코스다.

| 용산사 | ──MRT 2분···▶ | 서문홍루 | ···도보 5분···▶ | 진천미 |
| 아종면선 | ◀···도보 5분··· | 삼형매 | ◀···도보 5분··· | 로얄 발리 | ◀···도보 3분··· |

타이베이에서 가장 오래된 사원
용산사 龍山寺 [룽산쓰]

주소 台北市萬華區廣州街 211號 **위치** MRT 룽산쓰(龍山寺)역 1번 출구에서 오른쪽으로 직진(도보 3분) **시간** 6:00~22:00 **홈페이지** www.lungshan.org.tw **전화** 02-2302-5162

타이베이에서 가장 오래된 사원인 용산사는 1738년에 처음 지어졌으나, 지난 세월 전쟁과 자연재해 등으로 여러 차례 파괴됐다. 현재는 1957년에 새로 복원된 모습으로 유지되고 있으며 국가 2급 고적으로 지정됐다. 용산사는 가장 아름다운 사원으로도 손꼽히는데, 내부로 들어서면 우선 사방의 지붕에 봉황, 기린, 용 등 다양한 길상을 상징하는 조형들이 눈에 들어오며 3진 사합원의 중국식 고전 건축 양식의 건물이 네모로 둘러싸고 있다. 벽면에는 생동감 넘치는 그림들과 정교한 석조들이 있어 이러한 건축 양식 자체만으로도 둘러볼 가치가 있다. 사원 안에는 도교, 불교, 유교 및 토속 신까지 다양한 신을 모시고 있는데 이 중에서 관세음보살이 가장 영험하다 하여 인기가 많다.

드라마, 영화 촬영 장소로 유명한 올드 타이베이
보피랴오 역사 거리 剝皮寮老街 [보피랴오라오제]

주소 台北市萬華區廣州街 101號 **위치** MRT 룽산쓰(龍山寺)역 3번 출구에서 오른쪽으로 꺾은 후 캉딩루(康定路)로 우회전 후 직진(도보 7분) **시간** 9:00~21:00 **휴관** 월요일 **홈페이지** bopiliao.taipei **전화** 02-2308-2966

타이베이에서 청나라 시절의 모습이 잘 보존돼 있는 '보피'는 과거 이곳에서 목재 껍질을 깎았기 때문에 붙여진 이름으로 타이완판 〈친구〉로 불리는 영화 〈맹갑(Monga)〉의 촬영지로 사람들에게 유명해졌다. 골목 사이로 붉은 벽돌과 목조 건물들이 올드 타이베이의 향수를 그대로 간직하고 있어 타임머신을 타고 시간 여행을 하는 느낌을 준다. 클래식한 느낌의 간판들과 골목골목에 그려진 벽화들로 드라마, 영화 등 촬영 장소로 인기가 많다. 곳곳에 옛 완화 지역의 모습을 소개하는 전시관과 체험관에는 볼거리가 다양해 관광객은 물론 타이베이 시민들의 발길이 끊이질 않는다.

소금 커피가 인기인 커피 체인점

85℃ 데일리 카페 85℃ Daily Café

주소 台北市萬華區廣州街 150號 **위치** 용산사 맞은편 **시간** 5:00~24:00 **가격** NT$35~(아메리카노 S), NT$60~(소금 커피[海岩咖啡]) **홈페이지** www.85cafe.com **전화** 02-2336-7992

85˚C에서 커피가 가장 맛있다고 하여 지어진 이름으로, 타이베이의 대중적인 커피 체인점이다. 카페답게 커피의 종류가 다양한데 그중 독특한 이름의 소금 커피(Sea Salt Coffee)가 인기 메뉴다. 위아래 층이 분리돼 나오는 소금 커피는 커피 위에 소금이 들어간 부드러운 크림이 올려져 나온다. 그냥 마시는 것보다 섞어서 마셔야 단맛과 짠맛의 조화를 더욱 풍부하게 느낄 수 있으며 한 번 맛보면 은근 중독성이 있어 계속 찾게 된다.

각종 보양식과 약재를 판매하는 야시장

화시제 야시장 華西街夜市 [화시제 예스]

주소 台北市萬華區華西街 **위치** MRT 룽산쓰(龍山寺)역 1번 출구에서 용산사 방향으로 걷다가 첫 번째 사거리에서 왼쪽으로 가다 보면 오른쪽(도보 9분) **시간** 16:00~24:00

타이베이의 다양한 야시장 중에서 화시제 야시장은 몸에 좋은 보양식을 만나 볼 수 있는 특별한 야시장이다. 아케이드 형식으로 일렬로 길게 뻗어 있는 실내에는 뱀, 자라 같은 몸에 좋은 각종 보양식과 약재를 판매하는 가게들이 있다. 보양식 이외에도 신선한 해산물, 열대 과일 등도 판매하며 발 마사지 가게들도 많이 있어 여행으로 지친 몸을 발 마사지로 달래며 하루를 마무리하기에 좋다.

한국 음식 프로그램에도 나온 유명한 맛집
삼미식당 三味食堂 [싼웨이스탕]

주소 台北市萬華區貴陽街 2段 116號 **위치** MRT 시먼(西門)역 1번 출구에서 까르푸 방향으로 직진 후 구이양제(貴陽街)에서 우회전한 뒤 직진(도보 10분) **시간** 11:20~14:30, 17:10~22:00 **휴무** 매월 첫째, 둘째 주 월요일, 셋째, 넷째 주 일요일, 구정 연휴 **가격** NT$190(연어초밥 3ps), NT$80(관자꼬치 1개), NT$70(닭꼬치 1개) **전화** 02-2389-2211

TV프로그램 〈원나잇 푸드 트립〉에서 이연복 셰프가 방문한 맛집으로, 현지인은 물론 외국인에게도 유명한 레스토랑이다. 아침 가게 오픈 전에 가도 웬만해선 대기해야 할 정도로 사람들이 문전성시를 이루는 곳이다. 대표 메뉴로 엄청난 크기의 연어 초밥이 일반 초밥의 최소 2배가 넘는 특대 사이즈를 자랑하며, 두툼하고 길쭉한 연어 사시미는 성인 남성이 먹기에도 배부를 정도로 푸짐하다. 초밥 이외에 베이컨이 둘둘 말려 있는 관자꼬치와 닭꼬치도 인기 메뉴다. 1층 입구에 한국어를 할 줄 아는 직원이 안내를 해 주며 한국어 메뉴판도 있어 쉽게 주문할 수 있다.

한국의 김밥천국 같은 만두 체인점
팔방운집 八方雲集 [바팡윈지]

주소 台北市萬華區貴陽街 2段 27號 **위치** MRT 시먼(西門)역 1번 출구에서 까르푸 방향으로 직진 후 구이양제(貴陽街)에서 우회전 한 뒤 직진(도보7분) **시간** 9:00~21:00 **가격** NT$5(쟈오파이 군만두[招牌鍋貼]), NT$5.5(한국식 김치 군만두[韓式辣味鍋貼]), NT$ 5.5(카레 군만두[咖喱鍋貼]) **홈페이지** www.8way.com.tw **전화** 02-2382-5658

우리나라 김밥천국 같은 곳으로, 가성비가 뛰어난 타이완 현지 만두 체인점이다. 크게 군만두와 물만두 종류를 주문할 수 있다. 군만두는 고기가 들어간 쟈오파이 군만두招牌鍋貼 이외에도 한국식 김치 군만두, 카레 군만두 옥수수 군만두도 있으며 이곳에서는 개당 주문이 가능하니 부담 없이 다양하게 주문해서 먹어볼 수 있다. 만두 이외에도 각종 탕 요리와 면 요리도 함께 판매하기 때문에 가볍게 한 끼 식사를 해결하기에도 좋다.

최초의 공영 시장

서문홍루 西門紅樓 [시먼홍러우]

주소 台北市萬華區成都路 10號 **위치** MRT 시먼(西門)역 1번 출구에서 직진(도보 1분) **시간** 11:00~21:30 (일~목), 11:00~22:00(금, 토) **휴관** 월요일 **홈페이지** www.redhouse.org.tw **전화** 02-2311-9380

1908년 일제 식민지 시절 타이완 정부에 의해 지어진 최초의 공영 시장으로, 붉은색 벽돌로 만든 외관이 8면으로 되어 있다. 이는 사방팔방에서 사람들이 모이기를 기원하는 의미로, '8각 극장'이라고도 부른다. 과거 이곳에서 오페라, 경극 등 다양한 문화 공연을 했으나 50년대 이후 그 인기가 차츰 시들해지면서 영화관으로 바뀌었다. 이후 지금까지의 보존 상태와 고풍스러운 건축 양식을 인정받아 타이베이시 정부로부터 3급 고적으로 지정됐다. 현재 내부에는 전시회 및 공연들이 열리며 안쪽에는 젊은 디자이너들의 공방들이 모여 있는 16 공방이 입점해 있다. 독특한 디자인과 개성 넘치는 아이템들을 만나 볼 수 있으니 꼭 들러 보자. 서문홍루 옆 광장에는 주말이면 다양한 행사들과 주말 시장이 들어서며 종종 연예인들의 사인회가 열리기도 한다.

16 공방 16工房 [16궁팡]

위치 서문홍루 안 **시간** 11:00~21:30(일, 화~목), 11:00~22:00(금, 토) **휴관** 월요일 **전화** 02-2311-9380

서문홍루 내부에 위치한 16 공방은 디자인 타이베이를 육성하기 위한 문화 산업 발전 프로젝트의 일환으로 문을 열게 됐으며 1층과 2층에 총 20여 개의 젊고 감각적인 디자인 제품 가게들이 모여 있다. 우리나라 인사동 쌈지길과 비슷한 느낌의 16 공방은 판매자들이 직접 디자인해 다른 곳에서는 만나 볼 수 없는 독특한 액세서리, 아기자기하고 아이디어가 돋보이는 다양한 소품과 캐릭터 상품, 의류들로 가득 차 있어서 구경하는 재미가 쏠쏠하며 쇼핑의 유혹을 불러일으킨다.

반세기 넘게 운영하고 있는 카페

봉대가배 蜂大咖啡 [펑다카페이]

주소 台北市萬華區成都路 42號 **위치** MRT 시먼(西門)역 1번 출구에서 직진(도보 3분) **시간** 8:00~22:00 **가격** NT\$80(에스프레소), NT\$100(펑다 더치커피[蜂大水滴冰咖啡]) **전화** 02-2331-6110

봉대가배는 1956년부터 지금까지 반세기 넘게 영업하고 있는 곳으로, 처음 오픈할 당시에는 원래 커피가 아닌 아동복을 판매하던 곳이었다. 그러다 커피 도매상이 이곳을 인수한 후 지금의 커피 가게로 바뀌었고 타이베이에서 가장 오래된 카페로 자리 잡게 됐다. 가게 안에 들어서면 원두 및 커피와 관련된 제품들은 물론 처음 이곳에 카페를 연 노부부가 여전히 커피를 내리는 모습을 만나 볼 수 있다. 가장 오래된 카페답게 테이블에는 친구들과 함께 커피를 마시며 대화를 나누는 젊은이들부터 어르신들까지, 다른 프랜차이즈 카페에선 만나 볼 수 없는 모습이 인상적이다. 다양한 원두의 구입이 가능하며 독특한 로스팅을 거쳐 내리는 더치커피는 이곳의 인기 메뉴다.

여유롭게 브런치를 즐길 수 있는 곳

섬바디 카페 Somebody Café

주소 台北市萬華區成都路 65號 2樓 **위치** MRT 시먼(西門)역 6번 출구에서 청두루(成都路)를 따라 직진 후 오른편(도보 5분) **시간** 10:00~21:30 **가격** NT\$120(커피), NT\$85(티라미수) **홈페이지** www.facebook.com/SomebodyCafe26 **전화** 02-2311-2371

카페로 올라가는 계단에서부터 독특한 일러스트가 반겨 주는 섬바디 카페는 복잡한 시먼딩에서 여유롭게 브런치를 즐길 수 있는 공간이다. 2층 카페에 들어서면 블랙 & 화이트를 기본으로 그려진 그림과 소품들로 마치 이상한 나라의 앨리스가 된 듯한 신비로운 느낌을 준다. 한쪽 공간에는 심플하면서도 유니크한 아이템들을 판매하고 있는데 모두 원래 직업이 화가인 카페 사장이 직접 디자인한 제품들이다. 3층은 카페 공간으로 전시회나 라이브 쇼 공연이 열리기도 한다. 브런치 이외에도 다양한 음료와 디저트도 되며 이지카드 사용이 가능하다.

여유롭게 브런치를 즐길 수 있는 곳
만년상업대루 萬年商業大樓 [완니엔샹예다러우]

주소 台北市萬華區西寧南路 70號 **위치** MRT 시먼(西門)역 6번 출구에서 청두루(成都路)를 따라 직진 후 시닝난루(西寧南路)에서 우회전 후 직진(도보 8분) **시간** 11:30~22:00, 14:00~22:00(월) **홈페이지** www.facebook.com/pg/WanNianBuilding **전화** 02-2381-6282

벌써 50년이 넘게 시먼딩에서 자리를 지키고 있는 복합 쇼핑몰이다. 주변 건물들에 비해 비교적 낡은 외관이 상징과도 같은 곳이다. 지하 1층부터 지상 10층까지 푸드 코트, 영화관 및 액세서리, 휴대 전화 등을 판매하는 매장들이 들어서 있다. 4층에는 주로 해외 수입 제품들과 게임, 장난감, 프라모델 같은 제품들을 만나 볼 수 있어 주말이면 청소년들과 키덜트족들로 인산인해를 이룬다.

시먼딩에서 우육면으로 유명한 집
우점 牛店 [니우디엔]

주소 台北市萬華區昆明街 91號 **위치** MRT 시먼(西門)역 1번 출구에서 직진하다 쿤밍제(昆明街)에서 좌회전 후 직진(도보 5분) **시간** 11:30~14:30, 17:00~20:00 **휴무** 월요일 **가격** NT$250(만한 니우러우미엔(滿漢牛肉麵)) **전화** 02-2389-5577

타이완 맛집 프로그램인 〈캉시라이러 康熙來了〉에도 소개된 시먼딩의 우육면 맛집이다. 기본 탕을 베이스로 한 뉴뇩넌, 비빔면 형식의 우육면이 대표 메뉴로 주문 시 매운맛 선택이 가능하다. 이 밖에도 한정 메뉴인 최고급 훙샤오 우육면을 주문하면 친절하게도 먹는 방법이 한글로 적힌 설명서를 함께 주는데 그대로 따라하면 된다. 각 테이블에는 이곳 사장이 우수牛髓로 만든 양념장이 놓여져 있는데 같이 넣어서 먹으면

조금 더 매콤한 맛을 느낄 수 있다. 한국어 메뉴판도 따로 준비돼 있다.

저렴하게 사천요리를 즐길 수 있는 곳
진천미 | 真川味 [전촨웨이]

주소 台北市萬華區康定路 25巷 42號之 1 **위치** MRT 시먼(西門)역 6번 출구에서 청두루(成都路)를 따라 직진 후 쿤밍제(昆明街)에서 우회전 뒤 건너편 첫 번째 골목으로 직진(도보 10분) **시간** 11:00~14:00, 17:00~21:00 **가격** NT$160(연두부튀김[老皮嫩肉]), NT$160(파볶음[蒼蠅頭]) **전화** 02-2311-9908

로컬 음식점의 분위기가 확실히 느껴지는 진천미는 시먼딩에 위치한 사천요리 전문점으로, 타이베이의 유명 사천 레스토랑에 비해서 저렴한 가격으로 맛있는 사천요리를 만나 볼 수 있는 곳이다. 골목에 들어서면 본점과 바로 맞은편에 분점이 함께 붙어 있어 자리가 있는 곳으로 들어가면 된다. 한국어 메뉴판이 따로 있을 정도로 한국인들도 즐겨 찾는 시먼딩 맛집. 인기 메뉴는 겉은 약간 바삭하면서 속은 부드러운 연두부튀김老皮嫩肉과 짭짤한 맛

이 밥과 잘 어울리는 파볶음蒼蠅頭으로 부담 없이 맛있는 사천요리를 즐길 수 있다.

다양한 문화가 교류하는 영화 테마 공원
타이베이 영화 주제 공원 Taipei Cinema Park [타이베이 디엔잉주티공위안]

주소 台北市萬華區康定路 19號 **위치** MRT 시먼(西門)역 6번 출구에서 청두루(成都路)를 따라 직진 후 캉딩루(康定路)에서 우회전해서 직진(도보 15분) **시간** 11:00~19:00 **홈페이지** www.cinemapark.org.tw **전화** 02-2312-3717

시먼딩 영화 거리 끝자락에 위치한 영화 테마 공원은 일제 식민지 시절 일본인이 운영하는 타이완 가스 주식회사가 있던 곳이다. 해방 후 타이베이 석탄 회사가 들어섰으나 이후 문을 닫고 2001년 타이베이 정부의 그린 계획의 일환으로 새롭게 오픈하게 됐다. 공원 내부에 건축물은 많지 않지만 야외무대에서는 다양한 영화 상영은 물론 가수들의 콘서트, 공연 등 다방면의 예술 활동이 열리기도 하며 젊은 타이완 예술인들에게는 타이베이의 문화 교류의 장소로도 불린다. 공원

내에는 식당과 부대시설들이 들어서 있으며 이곳에서 영화 관련 제품 및 음반 등을 구매할 수도 있다.

일본 만화 〈원피스〉 마니아들을 위한 공간
무기와라 스토어 MUGIWARA STORE

주소 台北市萬華區武昌街 2段 118-2號　**위치** MRT 시먼(西門)역 6번 출구에서 청두루(成都路)를 따라 앞으로 직진한 후 쿤밍제(昆明街)에서 오른쪽으로 직진하다 우창제(武昌街)에서 좌회전 뒤 앞으로 가면 왼쪽(도보 15분)　**시간** 13:30~21:30　**홈페이지** www.mugiwara-store-taiwan.com　**전화** 02-2331-5188 / 02-2331-5123

일본 만화 〈원피스〉를 좋아하는 사람이라면 꼭 지나쳐서는 안 되는 곳이 바로 무기와라 스토어이다. 2014년에 문을 연 무기와라는 타이완에서 첫 번째로 문을 연 원피스 전문 매장이다. 다양한 크기의 피규어들과 캐릭터들이 프린트된 셔츠, 우산 등을 판매하고 있으며 입

구에서는 원피스 게임도 즐길 수 있다. 제품들의 디테일뿐만 아니라 이곳에서만 구입할 수 있는 한정판 아이템들도 있으니 원피스 팬이라면 꼭 방문해 보자. 1층에는 방문객들을 위한 기념 스탬프도 있다.

바삭하면서 짭짤한 맛이 일품인 치킨 체인점
계광향향계 繼光香香雞 [지광샹샹지]

주소 台北市萬華區 漢中街 121-1號　**위치** MRT 시먼(西門)역 6번 출구에서 직진 후 오른편(도보 1분)　**시간** 11:30~23:00　**홈페이지** www.jgssg.com.tw　**전화** 02-2388-2622

시먼딩 보행자 거리 입구에 위치한 계광향향계는 타이베이의 인기 치킨 체인점이다. 고소한 냄새와 닭튀김 위에 뿌려 주는 특제 가루가 이곳의 매력이다. 가격도 저렴하지만 양도 적지 않아 학생들에게도 인기가 많다. 약간의 향신료 향이 나긴 하지만 거북하지 않을 정도며 살짝 짭짤한 맛에 바삭한 치킨 조각을 한 입 먹으면 금세 맥주 생각이 나게 된다. 테이크아웃만 가능해서 시먼딩을 구경하면서 먹기도 좋으며 포장 후 숙소에서 맥주와 함께 먹으면 더욱 맛있다. 치킨 외에도 버섯튀김도 판매하며 치킨 위에 뿌려 주는 가루는 일반 맛, 매운맛 두 가지로 취향에 따라 선택할 수 있다.

노점으로 시작한 시먼딩 맛집

아종면선 阿宗麵線 [아쫑미엔시엔] 🍴

주소 台北市萬華區峨嵋街 8號 之 1 **위치** MRT 시먼(西門)역 6번 출구에서 직진 후 더페이스샵이 보이면 우회전 후 직진(도보 3분) **시간** 9:00~22:30(월~목), 9:00~23:00(금~일) **가격** NT$55(小), NT$70(大) **전화** 02-2388-8808

1975년에 작은 노점으로 시작해 지금은 시먼딩에서 반드시 맛봐야 하는 맛집이 된 곳이다. 여전히 노점 형식으로 운영해 테이블 없이 서서 먹어야 하지만 항상 국수를 맛보려는 손님들로 문전성시를 이룬다. 일반 국수와는 다르게 걸쭉한 육수에 쫄깃한 곱창과 면이 담긴 곱창국수는 느끼하지 않고 고소한 맛이 매력적이라 자꾸만 손이 가게 된다. 면

이 길지 않아 숟가락만으로 쉽게 먹을 수 있으며 저렴한 가격에 양도 부담스럽지 않은 정도다. 국수 위에 고수를 올려 주니 고수를 싫어하면 미리 '부야오 팡샹차이不要放香菜'라고 말하자.

타이완 각 지역의 과일을 맛볼 수 있는 가게

도기소제 NAUGHTY LADY 淘汽小姐 [타오치샤오제] ☕

주소 台北市萬華區中華路 1段 144號之 13 **위치** MRT 시먼(西門)역 6번 출구에서 직진 후 더페이스샵이 보이면 우회전 뒤 직진하다 오른쪽 마지막 건물 안(도보 5분) **시간** 12:00~21:00 **가격** NT$75(탄산음료) **홈페이지** www.facebook.com/lady1210 **전화** 02-2388-0588

가게 마스코트인 귀여운 강아지 이름을 따서 오픈한 도기소제는 타이완 각 지역의 특산 과일 음료를 판매하는 가게다. 매장 안에 들어서면 한쪽에는 알기 쉽게 타이완 각 지역에서 생산되는 특산 과일들이 그려져 있는 지도가 있으며 원하는 음료에 따라 과일을 고르면 그 자리에서 만들어 주는데 탄산음료는 주문한 과일 조각을 썰어서 직접 넣어 준다.

형형색색의 다양한 사탕, 초콜릿이 있는 매장

소피스카 SOPHISCA

주소 台北市萬華區武昌街 2段 26號 **위치** MRT 시먼(西門)역 6번 출구에서 직진하다 우창제(武昌街)에서 우회전 후 직진(도보 10분) **시간** 11:30~22:30 **홈페이지** www.sophisca.com.tw **전화** 02-2370-4740

타이완 현지 사탕, 초콜릿 전문 판매 매장으로, 안으로 들어서면 달콤한 초콜릿 향과 알록달록 형형색색의 사탕들이 손님을 유혹한다. 일반 초콜릿 이외에도 석탄 초콜릿, 와사비 맛, 김 맛 초콜릿 같은 유니크한 상품들과 귀여운 문구와 캐릭터가 프린트된 포장들은 물론 담배, 필통, 분필 등 독특한 포장들이 눈을 즐겁게 해준다. 사탕, 초콜릿 이외에도 마시멜로, 흑설탕, 견과류도 함께 판매하고 있으며 가격도 저렴해서 선물용으로 인기가 많다.

저렴하게 한 끼 식사를 해결할 수 있는 곳

천천리 미식방 天天利美食坊 [티엔티엔리메이스팡]

주소 台北市萬華區漢中街 32號 **위치** MRT 시먼(西門)역 6번 출구에서 한중제(漢中街)를 따라 직진(도보 7분) **시간** 9:30~22:30 **휴무** 월요일 **가격** NT$30(돼지조림비빔밥 小), NT$50(돼지조림비빔밥 大), NT$10(계란 추가), NT$55(볶은 무 케이크) **전화** 02-2375-6299

시먼딩에서 간단히 한 끼 식사를 해결할 수 있는 현지 식당으로, 한국인들 사이에서 저렴한 맛집으로도 유명한 곳이다. 인기 메뉴는 간장계란밥과 비슷한 돼지조림비빔밥(루러우판)과 담백하게 볶은 무 케이크로 1인당 NT$100 정도의 부담 없는 가격으로 가볍게 식사를 해결할 수 있다. 한국어로 된 메뉴판도 따로 준비돼 있다.

타이베이 3대 빙수집 중 한 곳
삼형매 三兄妹 [싼슝메이]

주소 台北市萬華區漢中街 23號 **위치** MRT 시먼(西門)역 6번 출구에서 한중제(漢中街)를 따라 직진(도보 7분)
시간 11:00~23:00 **가격** NT$120~(망고빙수) **전화** 02-2381-2650

시먼딩에서 한국인들에게 가장 인기 있는 빙수집으로, 흔히 말하는 타이베이 3대 빙수집 중 한 곳이다. 일단 다른 유명한 빙수집보다 비교적 저렴한 가격으로 빙수를 즐길 수 있어서 여행자들 사이에서는 시먼딩 필수 코스로 불릴 정도로 큰 인기를 모으고 있다. 가게 벽면에는 다양한 과일과 토핑이 올라간 빙수 사진들이 붙어 있어서 중국어를 몰라도 주문하는 데 큰 어려움이 없다. 연유와 섞인

얼음에 다양한 과일이 올라간 빙수는 맛이 좋을 뿐만 아니라 양도 푸짐해서 두세 명이 먹기에 충분하다. 가장 인기 있는 메뉴는 망고빙수이나 다른 제철 과일 빙수도 맛있으니 입맛대로 골라 먹어 보자.

직접 먹어 보고 구매할 수 있는 타이완 대표 간식 판매점
여읍당 如邑堂 [루이탕]

주소 台北市萬華區開封街 2段 22號 **위치** MRT 시먼(西門)역 6번 출구에서 큰 도로를 따라 직진 후 육교가 나오면 좌회전 뒤 직진(도보 10분) **시간** 8:00~22:00 **가격** NT$360(태양병 1박스 8개입), NT$380(레몬 케이크 1박스 10개입), NT$360(펑리수[鳳梨酥] 10개입) **홈페이지** www.ruyi-sunnycake.com.tw **전화** 04-2452-0917

타이완의 대표 간식인 펑리수, 레몬 케이크, 태양병을 판매하는 루이탕은 2013년부터 4년 연속 타이완 태양병 대회에서 금상을 수상한 곳이다. 안으로 들어가면 넓은 실내가 나오고 테이블에 앉으

면 점원이 스타벅스 원두로 내린 커피나 차와 함께 시식 가능한 제품들을 건네준다. 가장 인기 많은 제품은 레몬 케이크로 상큼하면서 너무 달지 않은 것이 특징이다. 주문 전 모든 메뉴를 직접 맛보고 구매할 수 있다.

작은 일본이 담긴 일본 화장품 매장
일약 본포 日藥本舖 [르야오번푸]

주소 台北市萬華區西寧南路 83號 **위치** MRT 시먼(西門)역 6번 출구에서 오른쪽으로 돌아 직진 후 삼거리에서 오른쪽으로 꺾은 뒤 도보 10분 **시간** 14:00~21:00(박물관), 9:30~23:00(매장) **홈페이지** www.jpmed.com.tw **전화** 02-2311-0928

일본 화장품 전문 판매 매장으로, 1층부터 3층까지 화장품뿐만 아니라 각종 식품들을 판매하고 있다. 일본 현지 제품들을 비교적 저렴하게 구입할 수 있어서 젊은 여성들에게 인기가 많다. 4층으로 올라가면 60년대 일본의 신사, 온천, 약국 등 옛 모습을 그대로 재현해 놓은 박물관이 나오는데 마치 타임머신을 타고 시간 여행을 온 듯한 느낌을 준다.

거리 모습만큼 예전 일본에서 사용했던 약품이나 일상용품 등도 함께 전시돼 있다.

화장실이 콘셉트인 재미난 레스토랑
모던 토일렛 Modern Toilet

주소 台北市萬華區西寧南路 50巷 7號 **위치** MRT 시먼(西門)역 6번 출구에서 도보 5분 **시간** 11:30~22:00(월~목), 11:30~22:30(금), 11:00~22:30(토), 11:00~22:00(일) **홈페이지** www.moderntoilet.com.tw **전화** 02-2311-8822

귀여운 화장실 콘셉트로 타이완 드라마나 영화에 자주 나와서 유명해진 곳이다. 입구에서부터 화장실 표지판이 반겨 주며 레스토랑 내부로 들어서면 세면대 모양의 테이블부터 변기 모양 의자와 그릇까지 화장실과 관련된 것들로 꾸며져 있다. 레스토랑 콘셉트와 어

울리는 커리 메뉴와 초코 아이스크림이 인기 메뉴이며 보는 재미가 남다른 레스토랑이다.

디저트가 무제한인 시먼딩 대표 훠궈집
마라 훠궈 麻辣火鍋 🍴

주소 台北市萬華區西寧南路157號 **위치** MRT 시먼(西門)역 6번 출구에서 더페이스샵 방향으로 직진, 삼거리에서 왼쪽 **시간** 11:30~다음 날 4:00 **가격** NT$545(11:30~16:00), NT$635(16:00~다음 날 4:00), NT$635(주말) *SC 10%, 이용 시간 2시간, 현금 결제만 가능 **홈페이지** www.mala-1.com.tw **전화** 02-2314-6528

시먼딩의 대표 훠궈집으로, 현지인들은 물론 한국 여행객들에게도 유명한 곳이다. 저녁 시간에는 예약하지 않을 경우 한 시간 대기는 기본일 정도다. 마라 훠궈에서는 원하는 고기는 물론 과일, 음료, 하겐다즈 아이스크림 등 여러 종류의 디저트와 맥주까지 무제한으로 마음껏 즐길 수 있으며 각종 야채와 해산물도 신선해 다른 곳에 비해 인기가 많다. 고기와 야채, 해산물 등은 메뉴판을 통해 주문하고, 원하는 취향에 따라 소스를 만들어서 먹으면 된다. 2시간의 시간 제한이 있지만 서두르지 않고 천천히 먹으며 여유롭게

즐기는 것이 포인트다. 최근 들어 한국 여행객들을 위해 따로 한글 메뉴판까지 준비돼 있으니 중국어를 몰라도 쉽게 주문할 수 있다.

길거리에서 저렴하게 스테이크를 즐길 수 있는 곳
화염투자우 火焰骰子牛 [훠옌터우즈니우] 🍴

주소 台北市萬華區武昌街 2段 50巷 **위치** MRT 시먼(西門)역 6번 출구에서 직진 후 더페이스샵에서 왼쪽으로 가다 보면 오른쪽(도보 7분) **시간** 16:00~25:00 **가격** NT$100

왕자 치즈 바로 옆에 붙어 있는 시먼딩에서 유명한 길거리 음식 중 하나다. 주문하면 즉석에서 소고기를 큐브 모양으로 자른 후 토치로 구워 준다. 보통의 고급진 스테이크와는 다르게 1인분에 NT$100으로 저렴하게 스테이크를 즐길 수 있어서 인기가 많다. 총 6가지 소스 중 원하는 취향에 따라 선택이 가능하다.

치즈 마니아라면 먹어 봐야 할 길거리 간식
왕자 치즈 감자 Prince Cheese Potatoes 王子起士馬鈴薯 [왕즈치스마링슈]

주소 台北市萬華區峨嵋街 49-3號 **위치** MRT 시먼(西門)역 6번 출구에서 직진 후 더페이스샵에서 왼쪽으로 가다 보면 오른쪽(도보 7분) **시간** 16:00~25:00 **가격** NT$85(왕자 종합 치즈)

2004년에 문을 연 왕자 치즈 감자는 TV에도 소개된 타이베이 길거리 대표 음식으로, 치즈를 좋아하는 사람이라면 꼭 맛봐야 할 간식이다. 으깬 통감자에 소시지, 과일, 참치, 옥수수 등 다양한 토핑을 선택해서 올리고 치즈 소스를 부으면 보기만 해도 군침이 돌 정도다. 치즈의 느끼함과 감자의 고소함에 토핑의 맛이 잘 어우러져 생각보다 많이 느끼하지 않다. 메뉴판에 사진이 있어 주문하기 편하고 포장도 가능하다.

무한 리필 훠궈집
황가제국 원앙 마라 훠궈 皇家帝國鴛鴦麻辣火鍋 [황지아디궈위안양마라훠궈]

주소 台北市萬華區中華路 1段 192號 **위치** MRT 시먼(西門)역 1번 출구에서 까르푸 방향으로 직진(도보 7분) **시간** 11:30~24:30 **가격** NT$700(11:30~15:30), NT$750(15:30~24:30, 주말) *SC 10%, 현금 결제만 가능 **홈페이지** www.kingfood.com.tw **전화** 02-2314-9969

시먼딩 까르푸 근처에 위치한 무한 리필 훠궈 집. 넓은 실내 안쪽에 소고기를 비롯해서 각종 육류, 해산물, 야채 코너 등이 마련돼 있어서 기다릴 필요 없이 언제든 원하는 고기 및 야채를 직접 가져다 먹을 수 있다. 이곳이 인기가 많은 이유는 바로 다양한 새우와 싱싱한 해산물로 현지인들도 많이 찾기 때문이다. 여러 가지 탕 중 2가지 선택이 가능하며 마라탕과 버섯탕 그리고 중약을 넣은 마라탕이 인기가 많다. 주말이나 저녁에는 사람이 많아 전화로 미리 예약하고 가는 것이 좋다.

오직 현금만 사용 가능하며 10% 부가세가 발생한다.

24시간 영업하는 대형 마트
까르푸 家樂福 [까르푸]

주소 台北市萬華區桂林路 1號 **위치** MRT 시먼(西門)역 1번 출구에서 뒤돌아서 큰길에서 우회전 후 직진(도보 10분) **시간** 24시간 **홈페이지** www.carrefour.com.tw **전화** 02-2388-9887

타이베이의 쇼핑 코스에서 이제는 필수가 된 대형 마트 중 한국인들이 가장 많이 찾는 곳이다. 시먼딩의 까르푸는 24시간 영업을 하기 때문에 늦은 밤에도 방문할 수 있으며 번화가에서 가까워 이동하기가 편리하다. 마트 내부는 우리나라 마트와 같이 층별로 나누어져 있으며 식품 코너에서는 우리나라에서는 쉽게 볼 수 없는 다양한 열대 과일뿐만 아니라, 일반 식료품들을 저렴하게 구입할 수 있다. 한국 여행자들에게는 밀크티, 라면, 누

가 크래커, 펑리수 등이 인기가 많으며, 한국인들이 많이 찾는 곳이기 때문에 간혹 원하는 물건이 매진되는 경우도 있다. 이 밖에도 흑인 치약, 방향제, 타이완 전통 과자나 차는 기념품과 선물용으로 구입하기에 좋다.

한국인에게 '100원 술집'이라 불리는 곳
마림어생맹해선 馬林漁生猛海鮮 [마린위성멍하이시엔]

주소 台北市萬華區成都路 135號 **위치** MRT 시먼(西門)역 6번 출구에서 청두루(成都路)를 따라 앞으로 직진 (도보 10분) **시간** 11:30~14:30, 17:00~26:00 **가격** NT$100~(안주), NT$80~(맥주) **전화** 02-2312-1459

시먼딩 끝자락에 위치한 마림어생맹해선은 젊은이들이 즐겨 찾는 술집으로, 대부분의 안주가 타이완 돈 NT$100 정도여서 한국인들에게는 100원 술집이라고 불리는 곳이다. 가격이 저렴해서 많은 양을 기대하긴 어렵지만 신선한 해산물과 가성비 좋은 안주에 다양한 타이완 맥주를 맛볼 수 있다. 맥주와 음료는

셀프로 직접 가져다 마시고 나중에 모아 둔 병을 계산할 때 보여 주면 된다.

3대째 영업 중인 재미있는 아이스크림 가게
설왕빙기림 雪王冰淇淋 [쉐왕빙치린]

주소 台北市中正區武昌街 1段 65號 2樓 **위치** MRT 시먼(西門)역 5번 출구에서 직진 후 타이베이시 정부 경찰국 방향으로 우회전한 뒤 맞은편(도보 5분) **시간** 12:00~20:00 **가격** NT$70~(한 컵) **홈페이지** www.snowking.com.tw **전화** 02-2331-8415

1947년 오픈한 이후 벌써 3대째 영업 중인 설왕빙기림은 미국 여행 프로그램인 〈CNN go〉에서 재미있는 아이스크림 가게로, 소개될 정도로 기상천외한 맛의 아이스크림들을 만나 볼 수 있는 곳이다. 총 76가지의 아이스크림에는 신선한 제철 과일 맛은 물론 구아바, 망고 같은 열대 과일과 오직 이곳에서만 맛볼 수 있는 돼지고기, 두부, 커리 같은 독특한 맛까지 준비돼 있다. 주문 전에 시식할 수 있으며 반달 모양 표시는 추천 메뉴니 개인의 취향에 맞게 골라서 주문하면 된다.

한 폭의 동양화 같은 임가 집안의 정원
임가 화원 林家花園 [린지아화위안]

주소 新北市板橋區西門街 9號 **위치** MRT 푸중(府中)역 3번 출구에서 직진 후 시먼제(西門街)에서 우회전 뒤 직진(도보 10분) **시간** 9:00~17:00 **휴관** 매월 첫째 주 월요일 **요금** NT$80 **홈페이지** www.linfamily.ntpc.gov.tw **전화** 02-2965-3061

이름 그대로 "임가 집안의 정원"이라는 뜻의 임가 화원은 린잉인이 그의 가족들과 중국 복건성에서 타이완으로 건너와 살던 곳이다. 1982년 이후 일반인에게 무료 개방이 시작되면서부터 산책하는 시민들과 아름다운 정원을 배경으로 사진을 찍으려는 관광객이 방문하고 있다. 현재는 국가 2급 고적으로 지정돼 있으며 요새처럼 지어진 저택 내부에는

싱그러운 정원과 연못, 정자 등이 옛 모습을 잘 간직한 고택과 잘 어우러져 한 폭의 동양화처럼 아름답게 꾸며져 있다. 천천히 둘러보려면 아침에 방문하는 것이 좋다.

타이베이 기차역
TAIPEI MAIN STATION

타이베이 기차역은 MRT, 기차, 고속철과 고속버스 정류장이 한곳에 모여 있어 타이베이는 물론 근교와 지방으로 여행할 때 반드시 지나쳐야 하는 교통의 중심으로 이른 새벽부터 늦은 저녁까지 사람들의 발길이 끊이질 않는 곳이다. 기차역 안에는 브리즈 쇼핑센터와 여행자들을 위한 푸드 코트, 편의점 등 각종 편의시설이 잘 되어 있고, 타이베이 기차역 남쪽으로는 카메라 거리, 입시 학원 거리, 책방 거리처럼 특색 있는 거리들이 조성돼 있다.

MRT 출구와 연결된 관광지

타이베이 기차역은 MRT, 기차, 고속철이 운행되는 곳으로, 지상과 지하에 수많은 출구가 있고 평소에도 유동 인구가 많은 곳이니 출구를 찾을 때 주의해야 한다.

타이베이처잔台北車站역
- **M6** 팀호완
- **Y5** 큐 스퀘어

타이다이위안台大醫院역
- **1번** 국립 타이완 박물관, 228 화평 공원

중샤오신성忠孝新生역
- **1번** 화산 1914 문화창의산업원구

타이베이 기차역

복주세조호초병
福州世祖胡椒餅

일본
日藥本鋪

호텔 릴렉스 2관
Hotel Relax 2

국립 타이완 박물관
國立臺灣博物館

228 화평 공원
二二八和平公園

타이베이이완이완역
台大醫院站

타이베이
台北 B2店

타이베이
台北 B3店

신광 미쓰코시 A관
新光三越

코스메드
Cosmed

경성우
京盛宇

TimHoWan

딤호완

브리즈 타이베이 기차역
Breeze Taipei Station

대장금은공사
台鐵便當本鋪

타이베이 기차역
台鐵夢工場

엉클 테츠 치즈 케이크
Uncle Tetsu's cheese Cake

타이완역1: 에루룸
台北車站1: 에루룸

왓슨스
Watsons

타이베이이차역
台北車站站

108 맛차 사로
108 MATCHA SARO

시티인 호텔 타이베이 스테이션 브랜치 II
Cityinn Hotel Taipei station Branch II

플립플랍 호스텔
Flipflop Hostel

Q square
큐 스퀘어

국부기념사적 기념관
國父史蹟紀念館

타이완 시외 버스 터미널
國光客運 정류장
國光客運 타이완버스 정류장

왓슨스
Watsons

셰라톤 그랜드 호텔
Sheraton Grand Hotel

신다오쓰쓰역
善導寺站

부항두장
阜杭豆漿

VVG 싱킹
VVG Thinking

이케이 하우스
Ikea House

타이완 국제 예술촌
臺北國際藝術村

앰비언스 호텔
Ambience Hotel

화산 1914 문화창의산업원구
華山1914文化創意產業園區

우디풀 라이프
Wooderful life

파브카페
FabCafe

광화 디지털 신기 단지
光華數位新天地

신트렌드
Syntrend

타이베이 기차역

타이베이 기차역 일대 BEST COURSE

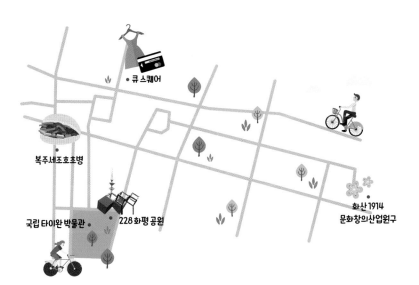

큐 스퀘어

복주세조호초병

국립 타이완 박물관

228 화평 공원

화산 1914
문화창의산업원구

대중적인 코스

타이베이 교통의 허브인 기차역 일대의 관광지와 복합 문화 예술
공간인 화산 1914 문화창의산업원구를 함께 둘러보는 코스다.

화산 1914 문화창의산업원구 ── MRT 4분 ⋯→ 큐 스퀘어 ── 도보 10분 ⋯→

복주세조호초병

228 화평 공원 ⋯도보 2분 국립 타이완 박물관 ⋯도보 7분

타이완 최초의 박물관

국립 타이완 박물관 國立台灣博物館 [궈리타이완보우관]

주소 台北市中正區襄陽路 2號 **위치** MRT 타이다이위안(台大醫院)역 1번 출구에서 도보 2분 **시간** 9:30 ~17:00(화~일) **휴관** 월요일, 구정 연휴 **요금** NT$30 **홈페이지** www.ntm.gov.tw **전화** 02-2382-2566

1908년에 지어진 국립 타이완 박물관은 타이완 최초의 박물관으로 228 화평 공원 내에 위치해 있다. 웅장한 르네상스 양식으로 지어진 외관의 입구로 들어가면 지하 1층부터 지상 3층까지 타이완의 동물학, 지질학, 식물학 등의 자료와 타이완 원주민들에 관련된 다양한 상설 전시회 및 특별 전시회를 만나 볼 수 있다. 박물관 입구 건너편에는 일본 식민지 시절 타이완 남부 철도 개통 기념을 위해 만들어진 증기 기관차가 전시돼 있다.

타이완의 아픈 역사를 간직하고 있는 공원

228 화평 공원 二二八和平公園 [얼얼바허핑공위안]

주소 台北市中正區懷寧街 103號 **위치** MRT 타이다이위안(台大醫院)역 1번 출구에서 바로 연결 **전화** 02-2381-5132

타이베이 기차역 남부에 위치한 228 화평 공원은 타이완의 아픈 역사를 간직하고 있는 곳이다. 공원 내부에는 1947년 정부의 계엄령 선포 후 학살당한 수많은 사람을 추모하는 228 추모비와 추모관이 사람들로 하여금 공원의 의미를 다시 한 번 느끼게 해 주고 있 다. 공원 안에는 연못, 무지개 다리, 산책로가 한가로이 산책 나온 시민들에게 도심 속 휴식 공간을 제공하고 있어 좋은 쉼터가 되어 준다.

화덕에 구운 후추빵이 일품인 집
복주세조호초병 福州世祖胡椒餠 [푸저우스주후쟈오빙]

주소 台北市中正區重慶南路 1段 13號 **위치** MRT 타이베이처잔(台北車站)역 Z2번 출구에서 도보 5분 **시간** 11:00~21:00 **가격** NT$50(1개) **전화** 02-2311-5098

타이완식 후추빵인 후쟈오빙의 대표 맛집으로, 본점은 라오허제야시장 초입에 있다. 이곳 기차역 지점은 접근성이 좋고 늦게까지 영업하기 때문에 야시장까지 가기 힘든 사람들이 많이 찾는다. 돼지고기와 파, 후추로 속을 채운 밀가루 반죽을 커다란 화덕에 구워 고소한 육즙이 흘러나오는 화덕 만두(후쟈오빙) 본점의 맛을 그대로 느낄 수 있다. 육즙이 뜨거우니 살짝 식혀서 먹는 것이 좋다.

타이완의 명차들을 맛볼 수 있는 곳
경성우 京盛宇 [징성위]

주소 台北市中正區忠孝西路 1段 66號 B2 **위치** MRT 타이베이처잔(台北車站)역 Z2번 출구에서 걷다 보면 왼쪽에 있는 신광 미쓰코시(新光三越) 백화점 지하 2층 **시간** 11:00~21:30(일~목), 11:00~22:00(금, 토) **가격** NT$90~(차) **홈페이지** www.prot.com.tw **전화** 02-2388-5552

경성우는 테이크아웃이 가능한 티 하우스로 차를 주문하면 그곳에서 직원이 정성스럽게 차를 우려 준다. 차를 우리는 모습을 보고 있으면 마치 고급 찻집에 온 듯한 느낌이 들 정도로 느리지만 최상의 향과 맛을 낼 수 있도록 전통적인 방식으로 내려 준다. 그렇게 내린 차는 심플하면서 깔끔한 전용 플라스틱 병에 담아 주는데 입구 모양이 조그마해서 아이스로 주문해도 얼음은 따로 넣어 주지 않는다. 둥팡메이런東方美人, 아리산 우롱 阿里山 烏龍 등 타이완의 명차들을 맛볼 수 있으며 직접 구매도 가능하다.

미슐랭 1스타를 받은 딤섬 맛집

팀호완 TimHoWan 添好運 [티엔하오윈] 🍽

주소 台北市中正區忠孝西路 1段 36號 1樓 **위치** MRT 타이베이처잔(台北車站)역 M6번 출구에서 도보 1분 **시간** 10:00~22:00 **가격** NT$138(새우 딤섬[晶瑩鮮蝦餃]), NT$138(바비큐 돼지고기빵[酥皮焗叉燒包]) *SC 10% **홈페이지** www.timhowan.com.tw **전화** 02-2370-7078

 홍콩에서 건너온 미슐랭 1스타를 받은 딤섬 맛집으로, 비교적 저렴하면서 맛있는 딤섬을 즐길 수 있어서 항시 사람들로 붐빈다. 대표 메뉴로는 부드러운 피에 탱글탱글한 새우가 담겨져 나오는 새우 딤섬晶瑩鮮蝦餃, 바삭한 빵에 달콤한 돼지고기 소가 들어 있어 매콤하면서 달달한 맛이 조화를 이루는 바비큐 돼지고기빵酥皮焗叉燒包이다. 이 외에도 와사비 소스가 뿌려져 나오는 튀김 딤섬 등 다양한 딤섬을 맛볼 수 있다. 메뉴판에 사진과 함께 한글도 적혀 있다.

타이완에서 가장 큰 푸드 코트

브리즈 타이베이 기차역 🍽
Breeze Taipei Station 微風台北車站 [웨이펑타이베이처쟌]

주소 台北市中正區北平西路 3號 **위치** 타이베이 기차역(台北車站) 안 **시간** 10:00~22:00 **홈페이지** www.breezecenter.com **전화** 02-6632-8999

타이완에서 가장 큰 푸드 코트로 불리는 곳으로, 약 60여 개의 식당에서 타이완 음식은 물론 일본, 한국, 홍콩, 이탈리아 등 전 세계의 요리를 만나 볼 수 있다. 기차를 타기 전후 식사를 즐기는 사람들은 물론 퇴근 후 저녁 식사를 해결하려는 직장인들로 인산인해를 이룬다. 식당 이외에도 스타벅스, 다즐링 카페 및 서점, 라인 프렌즈 매장 등이 있다.

일본 생크림과 유럽 천연 치즈가 만난 환상적인 치즈 케이크 가게
엉클 테츠 치즈 케이크 Uncle Tetsu's cheese cake

주소 台北市中正區北平西路 3號 1樓 **위치** 타이베이 기차역(台北車站) 1층 남2문(南2門) 출구 옆 **시간** 10:00 ~22:00 **가격** NT$199(치즈 케이크) **홈페이지** www.uncletetsu-tw.com **전화** 02-2383-1221

타이베이 기차역 안에 위치한 엉클 테츠 치즈 케이크는 일본 생크림과 유럽 천연 치즈를 사용해 오븐에 구워지는데, 고소하면서 은은한 치즈의 향과 달달하면서 촉촉한 케이크는 한 입 먹으면 입에서 사르르 녹으며 부드럽게 넘어간다. 일반 치즈 케이크보다는 카스텔라 맛에 더 가까운 편이다. 인기가 많아 오븐에서 막 나온 케이크를 구입하려면 보통 10분 이상은 줄을 서서 기다려야 한다.

철도 문화의 모든 것이 담긴 곳
대철몽공장 台鐵夢工場 [타이테멍궁창]

주소 台北市中正區北平西路 3號 **위치** 타이베이 기차역(台北車站) 1층 서3문(西3門) 출구 옆 **시간** 10:00~20 :30 **홈페이지** www.tra-shop.com.tw **전화** 02-2383-0367

타이완 철도에 관련된 상품을 만나 볼 수 있는 대철몽공장은 유명한 철도 마니아인 사장님이 그동안 천만 원 이상의 타이완 돈을 들여 기념품들을 수집한 후 철도 문화를 알리고자 2006년 타이베이 기차역 지하에 첫 가게를 오픈한 곳이다. 기차역 콘셉트의 실내에서는 타이완 철도 마스코트들의 피규어, 60년대 실제 기차표, 철도 마크가 크게 그려진 도시락 통 등 색다른 기념품들을 구입할 수 있으니 기차 타기 전 한 번쯤 둘러보는 것도 좋다.

기차 탑승 전 꼭 먹어 봐야 할 도시락
대철편당본포 台鐵便當本鋪 [타이테비엔당번푸]

주소 台北市中正區北平西路 3號 **위치** 타이베이 기차역(台北車站) 1층 서3문(西3門) 옆 **시간** 8:30~19:00
가격 NT60(등갈비 도시락[排骨便當]) **전화** 02-2381-5226

타이베이 기차역 1층에 위치한 대철편당본포는 타이완 철도에서 직접 운영하는 도시락 가게로, 항상 기차 탑승 전 도시락을 구매하려는 사람들의 모습을 쉽게 발견할 수 있다. 간단하게 먹는 도시락인 만큼 반찬이 많거나 화려하진 않지만 알찬 구성과 다양한 메뉴로 한 끼 식사를 든든하게 해결할 수 있어서 인기가 많다. 등갈비에 달걀조림이 올라간 등갈비 도시락 파이구비엔당排骨便當은 최고 인기 메뉴로 가격도 NT$60여서 뛰어난 가성비를 자랑한다.

쇼핑과 식도락을 동시에 즐길 수 있는 곳
큐 스퀘어 Q square 京站時尚廣場 [징쟌스샹광창]

주소 台北市大同區承德路 1段 1號 **위치** MRT 타이베이처잔(台北車站)역 Y5번 출구에서 도보 5분 **시간** 11:00~21:30(일~목), 11:00~22:00(금,토) **홈페이지** www.qsquare.com.tw **전화** 02-2182-8888

2010년 문을 연 큐 스퀘어는 타이베이 기차역, MRT 및 시외버스 터미널과도 연결돼 있어 일반 고객들은 물론 기차나 버스 탑승 전 큐 스퀘어를 찾는 사람들로 인해 타이베이 기차역의 새로운 포인트가 됐다. 지하 3층부터 지상 6층으로 이루어진 쇼핑몰에는 타이완 현지 브랜드뿐만 아니라 홍콩, 일본 등 해외 패션 잡화와 의류 브랜드들도 입점해 있으며 지하의 푸드 코트와 레스토랑에서는 세계 각국의 음식들을 만나 볼 수 있다. 쇼핑과 함께 맛있는 식도락을 즐길 수 있어 타이베이의 핫 플레이스로 떠오르고 있다.

108 맛차 사로 108 MATCHA SARO

위치 큐 스퀘어 지하 3층 **시간** 11:00~21:30 **가격** NT$108~(아이스크림), NT$88~(음료) **홈페이지** www.108matcha-saro.com **전화** 02-2555-5785

108 맛차 사로는 일본 홋카이도에서 건너온 녹차 카페로, 아이스크림과 빙수, 모찌까지 녹차로 만든 다양한 디저트가 모여 있는 매장이다. 108 맛차 사로의 녹차 디저트들은 진한 향에 너무 달지 않으면서 부드럽고 깔끔한 끝 맛이 특징이다. 달콤한 녹차 맛을 원하면 아이스크림과 떡, 팥, 젤리 토핑이 올라간 빙수를 주문해 보자. 이외에도 디저트와 함께 곁들여 먹을 수 있는 카스텔라와 쫄깃한 떡도 판매하고 있다.

건강한 타이완식 아침 식사를 할 수 있는 곳
부항두장 阜杭豆漿 [푸항더우장]

주소 台北市中正區忠孝東路 1段 108號 2樓 **위치** MRT 산다오쓰(善導寺)역 5번 출구에서 바로 왼쪽에 보이는 건물 2층(도보 1분) **시간** 5:30~12:30 **휴무** 월요일 **가격** NT$30(더우장[豆漿]), NT$25(유타오[油條]), NT$30(단빙[蛋餅]) **전화** 02-2392-2175

이연복 셰프도 다녀간 중국식 두유인 더우장과 유타오, 단빙 등을 판매하는 오래된 맛집이다. 건물 2층의 푸드 코트에 위치해 있는데 대부분 이곳을 방문한 사람들로 항상 1층까지 줄이 길게 늘어서 있을 정도다. 간판 메뉴인 고소하면서 담백한 더우장에 계란이 담긴 밀전병 단빙蛋餅이나 기름에 튀긴 유타오油條를 곁들이면 저렴하면서 건강한 타이완식 아침 식사를 즐길 수 있다. 포장하는 사람들도 많아 줄은 금방 줄어드니 여유롭게 기다려 보자.

도시와 문화가 결합된
타이베이의 예술구

타이베이에서 도시와 문화 예술이 함께 공존하는 대표적인 곳을 꼽자면 단연 화산 1914 문화창의산업원구다. 시간이 멈춘 듯 세월의 흔적을 고스란히 품고 있는 건물들에 젊은 예술가들의 공방과 개성 넘치는 편집 숍들이 들어오면서 활력을 띠기 시작했다. 각 구역별로 진행되는 다채로운 전시와 페스티벌로 지금은 타이베이의 대표 문화 예술구가 됐다.

화산 1914 문화창의산업원구

華山1914文化創意產業園區 [화산1914원화창이찬예위안취]

주소 台北市中正區八德路 1段 1號 **위치** MRT 중샤오신성(忠孝新生)역 1번 출구로 나간 후 앞으로 직진(도보 8분) **시간** 실외 24시간 개방 **홈페이지** www.huashan1914.com **전화** 02-2358-1914

1914년에 지어진 낡은 양조장이 100년을 훌쩍 넘어 지금, 타이베이의 핫 플레이스로 거듭났다. 여전히 옛 모습을 간직한 채 오래된 건물들의 내부와 실외 지역에 트렌디한 감성을 입혀 리모델링한 후 재탄생한 화산 1914 문화창의산업원구는 1년 내내 다양한 공연과 전시, 영화제, 페스티벌이 열리는 복합 문화 예술 공간이다. 원내에는 젊은 예술인들과 디자이너들이 오픈한 숍, 분위기 좋은 레스토랑과 카페 그리고 타이베이에서 가장 큰 DIY 오르골 매장 등이 들어 있으며 주말이면 플리마켓이 열려 데이트를 즐기려는 연인들은 물론 관광객들에게 각광받고 있다.

우더풀 라이프 Wooderful life

위치 화산1914 문화창의산업원구 안 **시간** 11:00~21:00 **홈페이지** www.wooderfullife.com

우드 오르골 전문점으로 아기자기한 제품들로 눈과 마음이 즐거워지는 공간이다. 타이베이에서 가장 큰 매장인 화산 1914점에서는 일반 오르골뿐만 아니라 수천 개의 장식품들과 다양한 음악들을 직접 골라 나만의 오르골을 만들 수 있어 아이들은 물론 관광객들에게도 인기가 많다. 매장 안의 조그마한 목각 인형들을 보고 있으면 질감뿐만 아니라 색감들까지 소품 하나하나의 퀄리티가 뛰어나서 오르골을 사지 않더라도 충분히 구경해 볼 가치가 있는 곳이다. 종이로 만든 타이완의 명소들과 귀여운 우드 제품들도 함께 판매하고 있다.

패브카페 FabCafe

위치 화산 1914 문화창의산업원구 안 **시간** 10:00 ~19:00(일~목), 10:00~22:00(금, 토) **가격** NT$140(아메리카노) **홈페이지** fabcafe.com **전화** 02-3322-4749

'GABEE'라는 닉네임을 가진 바리스타 마스터 임동원과 그의 친구가 함께 문을 연 카페로, 임동원의 이름만으로도 커피 맛은 보장할 정도다. 평소 즐겨 마시는 아메리카노 대신 색다른 커피를 맛보고 싶다면 달콤한 하미과 라테를 추천한다. 커피숍 한쪽은 작업실로 쓰고 있는데, 그곳에 사람들의 이목을 끄는 것이 있으니 바로 3D 프린터다. 원하면 언제든지 도움을 받아 세상에 오직 하나뿐인 자신만의 아이템을 직접 만들어 볼 수 있다.

중산, 디화제
ZHONGSHAN, DIHUA STREET

타이베이 기차역과 가까운 중산역 일대는 미국 영사관으로 쓰였던 필름 하우스가 있으며, 예전 일본인들이 주로 거주하던 지역으로, 아직까지 그 흔적이 골목골목 남아 있어 이국적인 풍경을 느낄 수 있다. 유명한 관광지가 있는 것은 아니지만 고급 호텔부터 비즈니스호텔, 호스텔이 모여 있으며 골목골목 빈티지한 디자인 숍과 분위기 좋은 브런치 카페들이 모여 있어 반드시 한 번은 지나치게 되는 곳이다. 타이베이 기차역까지 도보로 이동이 가능하고 타이베이 대표 전통 시장인 디화제와 가까워 함께 둘러보는 것이 좋다.

MRT 출구와 연결된 관광지

MRT 중산역 출구에는 대형 백화점들이 들어서 있으며 4번 출구 뒤쪽의 작은 골목으로 들어가면 독특하고 개성 넘치는 매장들과 카페들이 곳곳에 있다.

중산中山역

1번 일성주자행, 타이베이 당대 예술관,
    평성십구

3번 비전옥

4번 소기, 러블리 타이완 숍, 타이베이 필
    름 하우스, 멜란지 카페, 중산 18

5번 닝샤 야시장

중산, 디화제

가르푸
家樂福
간단희열
簡單喜悅
린우후번관
林五湖本館
디화제
迪化街
중이청
眾藝埕
민이청
民藝埕
하해성황묘
霞海城隍廟
임유신 기념 인형극 박물관
林柳新紀念偶戲博物館
닝샤 야시장
寧夏夜市
웰컴 마트
Wellcome Mart
스타벅스
Starbucks
빙찬
冰讚
쌍리엔역
雙連站
엠비 모어
MB More
와트
Watt
루피
Loopy
소기
小器
소기식당
小器食堂
드주스
DeJuice
스다이 1931
時代 1931
러블리 타이완 숍
Lovely Taiwan Shop
모구
Booday 蘑菇
중산 18
中山 18
0416
X1024
광일가배
光一咖啡
타이베이 필름 하우스
SPOT–Taipei Film House
암바 타이베이 중산
Amba Taipei Zhongshan
재춘건강생활관
再春健康生活館
이지셩
一之軒
멜란지 카페
Melange Café
탱고 호텔
Tango hotel
다이소
Daiso
오쿠라 프레스티지 타이베이
Okura Prestige Taipei
스미스 앤 슈
Smith&hsu
61 노트
61 Note
왓슨스
Watsons
타이베이 밀크 킹
Taipei Milk King
일성주자행
日星鑄字行
평성십구
平成十九
중산역
中山站
춘수당
春水堂
50란
50嵐
이쓰이쓰
意思意思
맥도날드
Mcdonalds
스타벅스
Starbucks
가오지
高記
비전옥
肥前屋
타이베이 당대 예술관
台北当代艺术馆
댄디 호텔 톈진 브랜치
Dandy Hotel Tianjin Branch
왓슨스
Watsons
저스트 슬립 린센
Just sleep Linsen
왕덕전
王德傳
탱고 호텔 린센
Tango Hotels Linsen
더블 브이
DOUBLE-V
베이먼역
北門站
타이베이처잔역
台北車站
N
W
E
S

중산, 디화제 일대 BEST COURSE

러블리 타이완 숍

멜란지 카페

타이베이 필름 하우스

일성주자행

비전옥

타이베이 당대 예술관

대중적인 코스

중산역 주변의 관광지와 흥대 뒷골목같이 아기자기한 분위기가 느껴지는 작은 골목을 둘러보자.

일성주자행 · · · · 도보 5분 · · · · 타이베이 당대 예술관 · · · · 도보 8분 · · · · 러블리 타이완 숍

비전옥 · · · 도보 6분 · · · 타이베이 필름 하우스 · · · 도보 3분 · · · 멜란지 카페 · · · 도보 5분 · · ·

타이완에서 유일하게 현존하는 활자 인쇄소

일성주자행 日星鑄字行 [르싱주즈항]

주소 台北市大同區太原路 97巷 13號 **위치** MRT 중산(中山)역 1번 출구에서 왼쪽으로 직진하다 청더루 (承德路) 사거리에서 왼쪽으로 직진해 타이위안루(太原路) 골목 안(도보 7분) **시간** 9:00~18:00(수~금), 9:30~17:00(토, 일) *12:00~13:30(점심시간) **휴무** 월요일, 화요일 **홈페이지** www.facebook.com/ rixingtypefoundry **전화** 02-2556-4626

타이위안루 골목에 위치한 일성주자행은 타이완에서 유일하게 현존하는 활자 인쇄소로, 1969년 공장으로 문을 연 이후 컴퓨터의 등장으로 점차 설 자리를 잃어버린 활자 인쇄 문화를 이어가고 있는 곳이다. 창고처럼 보이는 철문을 지나 안으로 들어서면 넓지 않은 공간을 빼곡히 메운 선반들이 줄을 지어 들어선 모습이 눈에 들어오는데 각 선반에는 1mm의 작은 활자를 비롯해 다양한 글씨체의 한자가 새겨진 활자가 놓여 있다. 지금은 보기 힘든 활자 인쇄를 체험할 수 있어서 어르신들은 물론 학생들에게도 인기가 많다. 체험뿐만 아니라 직접 고른 활자를 새긴 목걸이, USB 등도 구입이 가능하다.

당대의 젊고 독창적인 예술 작품을 모아 놓은 곳

타이베이 당대 예술관

MOCATaipei　台北當代藝術館 [타이베이당다이이슈관]

주소 台北市大同區長安西路 39號 **위치** MRT 중산(中山)역 1번 출구에서 반대편으로 돌아서 직진하다 장안시 루(長安西路)에서 오른쪽(도보 10분) **시간** 10:00~18:00(화~일; 17:30 매표 종료) **휴관** 월요일 **요금** NT$50 **홈페이지** www.mocataipei.org.tw **전화** 02-2552-3721

붉은색 벽돌과 회색 기와로 지어진 타이베이 당대 예술관은 과거 타이베이 시청으로 사용되다 2001년 정식 개관했다. 이곳에서는 당대 예술 작품과 함께 젊고 독창적인 작가들의 전시회를 볼 수 있다. 문화 역사와 당대 예술에 관한 다양한 강연과 프로그램을 진행하며 미술관 앞뜰에서는 정기적으로 설치 미술들을 볼 수 있는데 독특하면서 재미있는 조형물들이 시민들의 눈을 사로잡아 인기 명소로 떠오르고 있다.

평성십구 平成十九 [핑청스지우] 🍴

주소 台北市大同區南京西路 18巷 6弄 8號 **위치** MRT 중산(中山)역 1번 출구에서 반대편으로 돌아서 직진하다 오른쪽 두 번째 골목 안(도보 3분) **시간** 11:40~14:00, 17:30~20:30 **가격** NT$190~(식사), NT$150~(단품 메뉴) **전화** 02-2559-6510

중산역 부근에 위치한 일본 돈부리 전문점이다. 전체적으로 가성비가 뛰어나 저녁에는 웨이팅이 필수일 정도다. 내부는 심플하면서 일본 느낌이 나는 소품들로 꾸며져 있으며 주문은 메뉴를 고른 후 자판기에서 결제하고 직원에게 영수증을 건네주면 된다. 참

치, 연어가 올라간 사시미덮밥 외에도 짭짤한 소고기덮밥과 술과 함께 즐길 수 있는 가벼운 안주도 함께 판매하고 있다.

소기 小器 [샤오치] 🧺

주소 台北市大同區赤峰街29號 **위치** MRT 중산(中山)역 4번 출구에서 반대편으로 돌아서 직진하다 왼쪽 두 번째 골목으로 직진 후 골목 끝에서 오른쪽(도보 5분) **시간** 12:00~21:00 **홈페이지** thexiaoqi.com **전화** 02-2552-7039

소기는 예쁜 그릇들로 가득 찬 생활용품 전문 매장으로, 다양한 디자인 숍이 들어선 중산에서도 인기가 많은 곳이다. '작은 소품'이라는 뜻의 매장답게 가게 안에는 예쁜 색감과 아기자기한 그릇들이 곳곳에 진열돼 있다. 직접 제작한 제품 이외에도 해외 브랜드 제품들도 만나 볼 수 있으며 가끔 디자이너와의 콜라보 제품을 한정판으로 출시하는데 금세

품절될 정도다. 굳이 물건을 사지 않아도 보는 것만으로도 즐거움을 느낄 수 있으니 생활용품을 좋아한다면 꼭 들러 보자.

소박한 일본식 가정 요리로 소문난 집

소기식당 小器食堂 [샤오치스탕]

주소 台北市大同區赤峰街 27號 **위치** MRT 중산(中山)역 4번 출구에서 반대편으로 돌아 직진하다 왼쪽 두 번째 골목으로 직진 후 골목 끝에서 오른쪽(도보 5분) **시간** 11:30~15:00(주말 점심), 15:00~17:00(주말 에프터눈티), 17:30~21:00(주말 저녁) **가격** NT$340(가라아케 정식[龍田揚炸雞塊定食]) *SC 10% **홈페이지** www. facebook.com/xqplusk **전화** 02-2559-6851

깔끔한 일본 정식을 맛보고 싶다면 소기식당에 가보자. 중산의 작은 공원 옆에 위치한 소기식당은 거창하지 않고 소박한 일본식 가정 요리로 소문난 곳이다. 짭조름하면서 부드러운 연어구이 정식, 고소하면서 바삭한 가라아케 정식이 가장 인기가 많다. 정식에 기본적으로 따뜻한 밥과 조개가 들어간 시원한 미소국이 나오는데 메인 메뉴와 함께 전체적인 식사의 밸런스를 잘 잡아줘 아주 훌륭한 한 끼 식사를 해결할 수 있다.

슬로우 라이프를 추구하는 디자인 숍

모구 Booday 蘑菇 [마고]

주소 台北市大同區南京西路 25巷 18-1號 **위치** MRT 중산(中山)역 4번 출구에서 반대편으로 돌아 직진해서 왼쪽(도보 6분) **시간** 10:00~21:00(숍), 12:00~21:00(카페) **가격** NT$130(2층 카페 1인 최소 주문 금액), NT$140~(음료) **홈페이지** www.booday.com **전화** 02-2552-5552

러블리 타이완 숍과 닮은 듯 다른 분위기를 가진 모구는 '매일매일 즐거운 하루'라는 'Booday'과 슬로 라이프를 추구하는 디자인 숍이다. 1층에는 직접 디자인하고 제작한 의류, 심플하면서 디테일을 놓치지 않은 소품들과 기념품들로 가득 차 있다. 계단을 통해 2층으로 올라가면 카페 공간이 나오는데 이곳에서 유기농 재료를 사용해 직접 만든 디저트와 식사가 가능하다. 창가 쪽 테이블에서는 중산 공원을 보며 차 한잔의 여유를 즐기기에 좋다.

타이완의 다양한 매력을 느낄 수 있는 기념품 숍

러블리 타이완 숍 Lovely Taiwan Shop 台灣好,店 [타이완하오디엔]

주소 台北市大同區南京西路 25巷 18-2號 **위치** MRT 중산(中山)역 4번 출구에서 반대편으로 돌아 직진해서 왼쪽(도보 6분) **시간** 12:00~21:00(화~일) **휴무** 월요일 **홈페이지** www.lovelytaiwan.com.tw/web/show_all.php **전화** 02-2558-2616

타이완에서 생산된 제품들을 공정무역을 내세워 판매하고 있는 상점으로, 타이완의 다양한 매력을 느낄 수 있는 기념품들로 가득한 곳이다. 타이완의 특산품은 물론 원주민들이 직접 만든 액세서리, 각 지방의 특산품들까지 종류도 다양해서 구경하는 것만으로도 시간 가는 줄 모를 정도다.

대부분 직접 제작한 수공예품들이라 가격은 저렴하지 않지만 나만의 기념품을 구입하고 싶거나 특별한 선물을 구입하고 싶은 여행객들에게는 적극 추천할 만한 곳이다.

톡톡 튀는 매력적인 상품이 많은 브랜드 숍

루피 LOOPY 鹿皮工作室 [루피공줘스]

주소 台北市大同區赤峰街 41巷 2-4號 2F **위치** MRT 중산(中山)역 4번 출구에서 반대편으로 돌아 직진한 후 러블리 타이완 숍을 지나 왼쪽 골목 안(도보 7분) **시간** 14:00~20:00(월~금), 13:00~20:00(토, 일) **홈페이지** www.loopy.club **전화** 0934-026-955

개인 디자이너 브랜드 숍인 루피는 개성 넘치는 커플이 문을 연 곳으로, 귀여운 캐릭터들과 톡톡 튀는 일러스트가 담긴 스티커, 가방, 엽서, 노트 등의 매력적인 상품들을 만나 볼 수 있는 곳이다. 디자이너이자 매장 주인인 커플의 아이디어가 반영된 아이템들은 심플하면서도 정감이 가서 보고 있으면 어느새 기분이 좋아진다.

독특한 건물과 인테리어의 편집 숍

중산 18 中山18

주소 台北市中山北路二段 26巷 18號 **위치** MRT 중산역 4번 출구에서 반대편으로 돌아 직진하다 오른쪽 세 번째 골목 안으로 직진(도보 5분) **시간** 12:00~20:00 **휴무** 월요일 **전화** 02-2563-5138

카페, 이발소, 편집 숍, 이름만 들어선 어울릴 것 같지 않은 장소들이 한곳에 모여 있는 곳이다. 일본식 목조 건물로 입구를 따라 들어서면 클래식한 인테리어가 돋보이는 이발소, 심플하면서도 우아한 액세서리들이 진열돼 있는 편집 숍, 알록달록한 색과 달콤한 향이 가득 풍기는 디저트 숍이 미로처럼 연결돼 있다. 입구 옆 야외 카페에서는 젊은 사장님이 직접 내려주는 핸드드립 커피가 인기 메뉴로, 햇살 좋은 날 야외에 앉아 커피 한잔의 여유를 즐겨 보자.

모던하고 심플한 소품 가게

0416X1024

주소 台北市中山區中山北路 2段 20巷 18號 **위치** MRT 중산(中山)역 4번 출구에서 반대편으로 돌아서 직진하다 오른쪽 두 번째 골목 안(도보 4분) **시간** 13:00~22:00 **홈페이지** www.hi0416.com **전화** 02-2521-4867

입구의 귀여운 하얀색 캐릭터가 눈에 띄는 독특한 이름의 0416X1024는 에너지 넘치는 2명의 디자이너가 의기투합해 오픈한 로컬 디자인 숍이다. 티셔츠 디자인을 시작으로 지금은 우산, 엽서, 가방, 파우치 등 모던하면서 심플한 인테리어 소품과 생활 소품을 만나볼 수 있다. 관광객들을 위한 카드 홀더, 스탬프 수첩 같은 아이템도 판매하며 아기자기한 팬시와 양말들은 선물용으로도 제격이다.

중산 카페 거리에서 분위기 깡패로 소문난 곳

광일가배 光一咖啡 [광이카페이]

주소 台北市中山區中山北路二段20巷2-2號 **위치** MRT 중산(中山)역 4번 출구에서 반대편으로 돌아 직진하다 오른쪽 두 번째 골목 안(도보 5분) **시간** 10:00~20:45(월~금), 9:00~20:45(토, 일) **가격** NT$225~(샐러드), NT$100(아메리카노) **홈페이지** www.facebook.com/pg/guangyitw **전화** 02-2351-0877

오래된 건물을 개조해 만든 카페로, 중산 카페 거리에서도 분위기 깡패로 소문난 곳이다. 계단을 통해 올라가면 클래식하면서도 모던한 인테리어로 꾸며진 실내와 따스한 햇살이 들어오는 창가 자리가 눈길을 사로잡는다. 심플한 커피 메뉴와 상큼하면서 가볍게 식사를 해결할 수 있는 브런치 메뉴도 갖추고 있다. 햇살 좋은 날에는 창가에 앉아 커피 한잔의 달콤한 여유를 누려 보자.

영화를 좋아하는 사람들에게 천국 같은 곳

타이베이 필름 하우스
SPOT-Taipei Film House 台北之家 [타이베이즈지아]

주소 台北市中山區中山北路2段18號 **위치** MRT 중산(中山)역 4번 출구에서 왼쪽으로 직진 후 큰 사거리에서 다시 왼쪽(도보 7분) **시간** 11:00~22:00, 12:00~24:00(필름 하우스), 10:00~21:00(SPOT 카페) **휴무** 매월 첫째 주 월요일 **홈페이지** www.spot.org.tw **전화** 02-2511-7786

'타이베이의 집'이라는 뜻의 타이베이 필름 하우스는 옛 미국 영사관 건물로 쓰였던 곳으로, 흰색 외관의 고풍스러운 서양식 건물이 초록 정원과 어우러져 언뜻 보면 카페 같지만 사실 타이베이 영화 문화 협회가 운영하는 멀티 문화 공간이다. 타이완 영화를 좋아하는 사람들에게는 천국과 같은 곳으로 영화 문화를 위한 공간답게 매년 다양한 영화제가 열리며 영화와 관련된 아이템을 만나 볼 수 있다. 한쪽에는 타이완 기념품을 판매하는 상점과 1층 야외에는 허우샤오셴侯孝賢 감독의 영화 〈카페 뤼미에르〉에서 이름을 따온 카페 뤼미에르가 있어 커피 한잔의 여유를 즐기며 천천히 둘러보기 좋다.

더치커피와 달콤한 디저트로 여성들에게 인기인 카페

멜란지 카페 MELANGE CAFÉ 米朗琪咖啡館 [미랑치카페이관]

주소 台北市中山區中山北路 2段 16巷 23號 **위치** MRT 중산(中山)역 4번 출구에서 반대편으로 돌아서 직진하다 오른쪽 첫 번째 골목 안(도보 3분) **시간** 7:30~22:00(평일), 8:30~22:00(주말) **가격** NT$170(딸기 와플[草莓奶油鬆餅]), NT$160(더치커피[冰滴咖啡]), 1인 1음료 필수, *현금 결제만 가능 **홈페이지** www.facebook.com/MelangeCafe **전화** 02-2567-3787

향긋한 커피 향과 달콤한 디저트로 여성들에게 인기가 많은 곳이다. 원목으로 인테리어된 고급스러운 내부로 들어가 자리에 앉으면 신문을 연상시키는 메뉴판을 건네받게 된다. 메뉴판에는 이곳의 대표 메뉴인 더치커피는 물론 다양한 차와 샌드위치, 와플 등의 디저트 메뉴가 소개되어 있다. 인기가 많은 메뉴는 역시 더치커피와 신선한 과일이 함께 나오는 와플이다. 와플은 가격도 저렴하지만 양도 성인 여성 2명이 먹기에 부족함이 없을 정도다. 예약을 따로 받지 않기 때문에 저녁 시간에는 항상 대기해야 한다.

장어덮밥으로 문전성시를 이루는 곳

비전옥 肥前屋 [페이치엔우]

주소 台北市中山區中山北路 1段 121巷 13號 **위치** MRT 중산(中山)역 3번 출구에서 직진하다 미타 베이커리(Mita Bakery)가 보이는 곳에서 우회전한 후 왼쪽 세 번째 골목 안(도보 10분) **시간** 11:00~14:30(점심), 17:30~21:00(저녁) **휴무** 월요일 **가격** NT$250(장어덮밥 小), NT$480(장어덮밥 大) **전화** 02-2561-7859

벌써 문을 연 지 30년이 넘은 곳으로 대로변이 아닌 골목에 위치해 있지만 장어덮밥으로 유명해 문을 열기 전부터 가게 앞에 사람들로 문전성시를 이루는 곳이다. 이곳의 장어덮밥은 당일 새벽 직접 공수해 온 장어를 사용하는데 조리 과정에서 비린내를 없애고 살을 연하게 만들어 매우 부드러운 것이 특징이다. 윤기가 흐르는 따뜻한 밥과 함께 먹으면 금세 힘이 솟는 듯한 느낌이 든다. 장어덮밥 이외에도 반찬으로 곁들여 먹을 수 있는 계란말이도 인기 메뉴다.

왕덕전 王德傳 [왕더촨]

주소 台北市中山區中山北路 1段 95號 **위치** MRT 중산(中山)역 2번 출구에서 직진하다 중산베이루(中山北路) 사거리에서 건넌 후 오른쪽으로 직진한 뒤 왼쪽(도보 7분) **시간** 10:00~21:00 **홈페이지** www.dechuantea. com **전화** 02-2561-8738

타이완 전통 티 브랜드인 왕덕전의 본점으로 1862년에 문을 열어 지금까지 영업하고 있는 곳이다. 전 세계 고급 홍차는 물론 아리산 우롱阿里山 烏龍과 같이 타이완 각 지역에서 생산되는 명차들을 한곳에서 만나 볼 수 있다. 안으로 들어가면 붉은색 틴 케이스가 진열된 선반 아래로 시음 코너가 따로 마련돼 있어 직접 향과 맛을 보고 구입할 수 있다. 품질 좋은 차만을 취급하기 때문에 가격대가 비교적 높은 편이다.

시즌마다 다양한 아이스크림을 맛볼 수 있는 곳
더블 브이 DOUBLE-V

주소 台北市中山區林森北路 85巷 3號 **위치** MRT 중산(中山)역 2번 출구에서 직진하다 중산베이루(中山北路) 사거리에서 건넌 후 오른쪽으로 직진한 뒤 왕덕전을 지난 후 왼쪽 골목으로 들어가서 직진하다 왼쪽(도보 7분) **시간** 17:30~22:30(월, 목, 금), 15:30~22:00(토, 일) **휴무** 화, 수요일 **가격** NT$ 120(싱글 컵) **홈페이지** www.facebook.com/studio.doubleV **전화** 02-2568-3316

벽면을 가득 채운 그래피티가 눈에 들어오는 더블 브이는 타이완 아이스크림 대회에서 우승한 사장이 문을 연 아이스크림 가게로, 시즌마다 타이완 제철 과일을 이용한 상큼한 아이스크림을 만나 볼 수 있다. 딸기, 파인애플은 물론이고 하미과, 망고 같은 열대 과일맛과 소금이 들어간 솔트 캐러멜, 오직 어른들만을 위한 맥주, 와인이 들어간 색다른 아이스크림도 인기가 많다. 싱글 컵을 주문하면 3가지 맛을 선택할 수 있으며 컵 아래와 아이스크림 위에 고소한 쿠키를 얹어 준다.

최고의 망고빙수 맛을 느낄 수 있는 곳
빙찬 冰讚 [빙짠]

주소 台北市大同區雙連街 2號 **위치** MRT 쌍리엔(雙連)역 2번 출구에서 오른쪽으로 직진 후 세븐일레븐 골목 안(도보 5분) **시간** 11:00~22:30(4~10월에만 영업) **가격** NT$60~, NT$160(망고빙수) **전화** 02-2550-6769

로컬 분위기기 물씬 풍기는 빙찬은 아직 한국인에게 덜 알려진 빙수집이지만 현지인들과 일본인들에게는 유명한 곳이다. 주문하면 그때 바로 신선하고 달콤한 생망고를 썰어서 올려 주는 빙수는 다양한 토핑으로 화려해 보이는 다른 빙수들과는 달리 망고 본연의 맛에 충실해서 최고의 망고빙수 맛을 느낄 수 있어 왜 타이베이에서 망고빙수를 맛보라고 하는지 그 이유를 제대로 알 수 있게 해준다. 가격도 저렴해서 주머니 사정이 가벼운 여행자들도 부담 없이 맛볼 수 있다.

현지인들이 즐겨 찾는 소박한 야시장
닝샤 야시장 寧夏夜市 [닝샤예스]

주소 台北市大同區寧夏路 **위치** MRT 중산(中山)역 5번 출구에서 오른쪽으로 직진 후 도보 5분 **시간** 18:00~24:00 **홈페이지** www.nx-yes.tw

관광객들보다는 현지인들이 주로 찾는 야시장으로, 넓은 도로에 각종 먹거리를 판매하는 노점들이 길게 뻗어 있어 편안하게 둘러보기 좋은 곳이다. 다른 야시장에 비해 규모가 작고 거리가 짧아 금방 둘러볼 수 있으며 다양한 볼거리와 타이완의 전통 먹거리들로 가득해 저녁에 간단히 야식을 즐기기에 부족함이 없다.

시간을 거슬러 간 듯한
오래된 거리, 디화제

타이베이에 남아 있는 라오제들 중 옛 건축 양식들이 잘 보존돼 있는 곳이 바로 디화제다. 청나라 시절부터 번화가로 자리 잡은 이곳에는 길게 뻗은 길 양옆으로 오래된 건물들이 늘어서 있는데 그중 안쪽 공간을 활용해 세 번 진입할 수 있는 삼진식三進式 건물들은 디화제에서 만나 볼 수 있는 건물로 내부가 미로처럼 되어 있어 둘러보는 재미가 있다. 최근에는 디자이너들이 오픈한 공방과 개성 넘치는 잡화점들이 하나둘씩 모여들어 올드한 분위기의 디화제가 젊어지고 있다.

디화제 迪化街

주소 台北市大同區迪化街 1段 **위치** MRT 다차오터우(大橋頭)역 1번 출구에서 도보 5분 **시간** 10:00~22:00, 10:00~19:00(일)

비교적 옛 건물들이 잘 보존돼 있는 타이베이 시내에서도 디화제는 정말 시간을 거슬러 올라간 듯, 100년이 넘는 오래된 건축물들이 옛 모습을 고스란히 간직하고 있다. 타이베이 최대 전통 시장답게 음식 재료뿐만 아니라 한약재를 비롯해 건어물, 전통 과자 등 다양한 물건들을 만나 볼 수 있으며 가격 또한 저렴해서 시민들의 사랑을 받고 있다. 천천히 산책하다 보면 옛 타이완을 만날 수 있으며 최근에는 골목골목에 젊은 예술가들의 공방과 분위기 있는 카페들이 들어서면서 과거와 현재가 공존하는 독특한 분위기 때문에 타이베이 젊은이들은 물론 여행객들에게 관광 명소로 떠오르고 있다.

하해성황묘 霞海城隍廟 [샤하이청황먀오]

주소 台北市大同區迪化街 1段 61號 **위치** 디화제 안 **시간** 6:15~19:45 **홈페이지** www.tpecitygod.org
전화 02-2558-0346

디화제 거리에 있는 하해 성황묘는 인연의 짝을 찾 아 준다는 월하노인이 모 셔 있어서 운명의 인연을 만나고 싶어 하는 타이베이 시민들은 물론 외국인들에게까지 그 명성이 자자해 사람들이 몰려드는 곳으로 유명하 다. 이곳의 월하노인은 다른 곳과 다르게 앉 아 있는 모습이 아닌 서 있는 모습 때문에 그 효력이 남달라 인연의 짝을 더 빠르게 찾아 준다고 한다. 매년 수천 커플이 이곳을 찾고 실제 상당수가 결혼을 한다고 하니 인연을 찾고 싶은 사람은 한 번쯤 들러서 자신의 짝 을 찾아 달라고 기도를 드려 보자!

임유신 기념 인형극 박물관 Lin Liu-Hsin Puppet Theatre Museum

林柳新紀念偶戲博物館 [린류신지녠어우시보우관]

주소 台北市大同區西寧北路 79號 **위치** 디화제 안 **시간** 10:00~17:00(화~일) **휴관** 월요일, 공휴일 **가격**
NT$80 **홈페이지** www.taipeipuppet.com **전화** 02-2556-8909

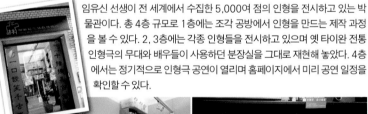

임유신 선생이 전 세계에서 수집한 5,000여 점의 인형을 전시하고 있는 박 물관이다. 총 4층 규모로 1층에는 조각 공방에서 인형을 만드는 제작 과정 을 볼 수 있다. 2, 3층에는 각종 인형들을 전시하고 있으며 옛 타이완 전통 인형극의 무대와 배우들이 사용하던 분장실을 그대로 재현해 놓았다. 4층 에서는 정기적으로 인형극 공연이 열리며 홈페이지에서 미리 공연 일정을 확인할 수 있다.

민이청 民藝埕 [민이성]

주소 台北市大同區迪化街 1段 67號 **위치** 디화제 안 **시간** 9:30~19:00 **홈페이지** www.artyard.tw/artyard67 **전화** 02-2552-1367

디화제에서 삼진식三進式의 오래된 건물에 위치한 민이청은 타이완 본토 브랜드인 타이커란台客藍과 일본 스타일의 도자기들을 판매하는 상점이다. 차에 관심이 없는 사람들도 찾아와 구경할 정도로 독특한 도자기들이 많은데 그중 가장 눈길을 끄는 건 바로 대나무 찜기에 담긴 샤오롱바오다. 사실 생뚱 맞게 놓여 있는 샤오롱바오는 조미료 통으로 모양새가 독특해서 선물용으로 인기가 많은 제품이다. 2층에는 카페가 있어 차를 마시며 쉬어 가기도 좋다.

간단희열 簡單喜悦 [지엔단시웨]

주소 台北市大同區迪化街 1段 184號 **위치** 디화제 안 **시간** 9:30~19:00 **휴무** 일요일 **전화** 02-2552-8611

두 자매가 미국 유학 시절 듣던 팝송 속 가사 "Simple Pleasure"에서 영감을 얻어 문을 연 간단희열은 심플 라이프 콘셉트의 예쁜 생활 잡화점이다. 입구에서부터 나무로 된 중앙의 커다란 단추 모양이 눈길을 끄는 매장은 타이완 스타일 핸드메이드 제품들과 아프리카, 동남아의 공정 무역 상품들로 가득하다. 원색의 다양한 패턴의 패브릭 소재의 가방, 타이완 원생 식물의 씨앗과 과실을 엮어 만든 액세서리는 특별한 소품을 좋아하는 사람들이라면 반할 수밖에 없을 것이다.

융캉 공원을 중심으로 이어진 융캉제는 타이베이에서 가장 유명한 미식 거리로 타이완의 대표 맛집 딘타이펑과 가오지의 본점을 비롯해 융캉우육면, 도소월과 같은 타이완 대표 면 요리 음식점에 망고빙수 가게 스무시까지, 그야말로 무엇을 먹어야 할지 행복한 고민에 빠지게 하는 동네다. 공원을 벗어나면 한적한 골목 사이사이로 고즈넉한 전통 찻집, 여유로운 분위기의 커피숍과 아담하면서 개성 넘치는 가게들이 숨어 있으니 천천히 산책하면서 여유롭게 둘러보자.

MRT 출구와 연결된 관광지

국립 중정 기념당에서 융캉제가 있는 둥먼역까지는 한 정거장이지만 충분히 도보로 이동 가능하니 함께 둘러볼 계획이라면 먼저 국립 중정 기념당을 방문하는 것이 좋다.

중정지녠탕中正紀念堂역 : **1번** 우정 박물관, **5번** 국립 중정 기념당, 춘수당
궁관公館역 : **1번** 보장암 국제 예술촌, **4번** 진삼정, 산돈
둥먼東門역 : **3번** 미미, 융캉우육면, **5번** 딘타이펑, 가오지, 스무시, 품묵양행

융캉제 일대 BEST COURSE

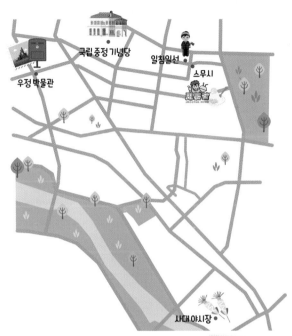

국립 중정 기념당

일침일선

스무시

우정 박물관

사대 야시장

대중적인 코스

여행자들의 필수 코스로 관광과 식도락, 쇼핑의 즐거움에 야시장 까지 둘러보는 알짜코스다.

⭐ 우정 박물관	── 도보 5분 → ⭐ 국립 중정 기념당	도보 10분 → ⭐ 딘타이펑
⭐ 사대 야시장	← 도보 15분 ── ⭐ 스무시	← 도보 3분 ── ⭐ 일침일선 ← 도보 2분 ──

타이완 초대 총통인 장제스를 기념하기 위한 건물

국립 중정 기념당 國立中正纪念堂 [궈리중정지녠탕]

주소 台北市中正區中山南路 21號 **위치** MRT 중정지녠탕(中正紀念堂)역 5번 출구에서 도보 5분 **시간** 9:00~18:00 **홈페이지** www.cksmh.gov.tw **전화** 02-2343-1100

'타이완 민주 기념관'이라고 이름을 바꾼 국립 중정 기념당은 타이완 초대 총통인 장제스를 기념하기 위해 지어진 건물이다. 멀리서 봐도 시선을 사로잡는 웅장함에 이끌려 다가가면 2층으로 오르는 89개의 계단을 만나게 된다. 이는 장제스의 서거 당시 나이를 뜻한다. 계단을 통해 2층으로 올라가면 거대한 장제스 동상과 함께 그 옆을 지키는 근위병이 눈에 들어온다. 충렬사와 같이 매 정각마다 열리는 위병 교대식은 놓쳐서는 안 될 볼거리 중 하나다. 1층에는 장제스가 생애 직접 사용했던 물품과 유품들이 전시돼 있다.

춘수당　春水堂 [춘수이탕]

주소 台北市中正區中山南路 21之 1號　**위치** MRT 중정지녠탕(中正紀念堂)역에서 국가 음악당 지하 1층(도보 10분)　**시간** 11:30~20:50　**가격** NT$ 85(버블티[珍珠奶茶] 中), NT$160(버블티[珍珠奶茶] 大)　**홈페이지** chunshuitang.com.tw　**전화** 02-3393-9529

춘수당은 요즘 한국에서도 쉽게 만나 볼 수 있는 버블티(전주나이차)의 원조로 타이중台中에 본점이 있다. 일반 홍차 가게에서 타피오카를 좋아하던 종업원이 밀크티에 타피오카를 넣어 마신 것이 지금의 버블티가 됐고, 이 버블티를 발명한 사람의 이름을 따서 가게 이름을 춘수당으로 지었다고 한다. 부드러운 향과 맛이 깊은 밀

크티에 쫄깃한 타피오카가 들어간 춘수당의 밀크티는 타이베이 여행에서 놓쳐서는 안 될 즐거움 중 하나다.

전 세계 우표부터 희귀 우표까지 전시된 박물관

우정 박물관　郵政博物館 [요우정보우관]

주소 台北市中正區重慶南路 2段 45號　**위치** MRT 중정지녠탕(中正紀念堂)역 2번 출구에서 도보 5분　**시간** 9:00~17:00(화~일; 16:30 입장 마감)　**휴관** 월요일, 국가 기념일, 평화 기념일, 벌초일, 단오절, 중추절, 구정 연휴　**요금** NT$10　**홈페이지** museum.post.gov.tw　**전화** 02-2394-5185

생각보다 알차고 재미있는 우정 박물관에는 우체국과 관련된 각종 모형과 체험 공간이 마련돼 있으며 타이완을 비롯해 아시아 각 나라의 우표와 관련된 역사도 함께 전시하고 있다. 박물관의 하이라이트는 바로 5층으로, 전 세계 128개국에서 수집한 약 7만 장

의 주제별, 연도별 우표들이 전시돼 있고 쉽게 구할 수 없는 희귀한 우표들도 소장돼 있으니 우표에 관심 있는 사람이라면 꼭 들러 보자.

타이완 5대 루러우판 맛집
금봉로육반 金峰滷肉飯 [진펑루러우판]

주소 台北市中正區羅斯福路 1段 10-1號 **위치** MRT 중정지녠탕(中正紀念堂)역 1번 출구에서 도보 1분 **시간** 8:00~25:00 **가격** NT$30(루러우판 小), NT$40(루러우판 中) **전화** 02-2396-0808

20년이 넘게 타이완 5대 루러우판 맛집으로 손꼽히는 곳이다. 루러우판은 어디서나 쉽게 맛볼 수 있을 정도로 흔한 서민 음식이지만 금봉로육반은 배우 임지령, 여성 그룹 S.H.E 등 타이완 연예인들을 비롯해 미식가들도 즐겨 찾을 정도로 유명하다. 겉으로 보기에는 다른 곳과 다를 게 없어 보이지만 따뜻한 밥에 표고버섯과 함께 올려 주는 돼지고기 목살은 10여 가지 한방 약재와 함께 장시간 졸여 향과 풍미가 더욱 깊다. 가격도 저렴해서 부담 없이 즐길 수 있다.

현지인에게 유명한 숨은 맛집
항주소롱탕포 杭州小籠湯包 [항저우샤오롱탕바오]

주소 台北市大安區杭州南路 2段 17號 **위치** 국립 중정 기념당 뒤쪽 건너편(도보 5분) **시간** 11:00~22:00(일~목), 11:00~23:00(금, 토) **가격** NT$150(샤오롱탕바오[小籠湯包]), NT$160(싼시엔궈테[三鮮鍋貼]) **홈페이지** www.thebestxiaolongbao.com **전화** 02-2393-1757

항주소롱탕포는 딘타이펑, 가오지에 비교하면 소박한 분위기에 가격 또한 저렴하지만 맛은 전혀 뒤지지 않는 현지인들에게 유명한 숨겨진 딤섬 맛집이다. 입구에 쌓여 있는 수많은 찜통을 보고 있으면 얼마나 많은 사람이 찾는 곳인지 짐작할 수 있다. 뜨거운 육즙이 가득한 샤오롱탕바오와 채소, 통통한 새우, 돼지고기로 속을 가득 채운 후 한쪽만 바삭하게 구운 싼시엔궈테가 인기 메뉴다. 외국인에게는 사진이 있는 메뉴판을 주는데 한자 이름을 잘 기억한 후 주문서에 체크해서 건네주면 된다.

국민 간식 누가 크래커 전문점
미미 蜜密

주소 台北市大安區金山南路 2段 21號 **위치** MRT 둥먼(東門)역 3번 출구에서 왼쪽 골목으로 들어간 후 한 블록 지나 왼쪽으로 직진(도보 2분) **시간** 9:00~13:00 **휴무** 월요일 **가격** NT$170(1박스) **홈페이지** www.facebook.com/lesecret.tw **전화** 02-2351-8853

융캉제 부근을 걷다 보면 투명한 비닐봉지에 이곳의 누가 크래커를 가득 담은 한국 여행객들을 쉽게 볼 수 있다. 오로지 누가 크래커만 판매하는데 한국인들 사이에서는 원조라고 불릴 정도로 인기가 많은 곳이다. 다른 곳에 비해 확실히 달콤하고 부드러운 맛이 뛰어나서 선물용은 물론 기념품으로 많이 구입해 간다. 예전에는 라인으로 예약을 받았지만 넘치는 메시지로 인해 지금은 현장 주문만 받고 있다.

타이베이에서 가장 핫한 누가 크래커 전문점으로,

전 세계가 알아주는 딤섬 레스토랑 딘타이펑 본점
딘타이펑 鼎泰豐 🍴

주소 台北市大安區信義路 2段 194號 **위치** MRT 둥먼(東門)역 5번 출구에서 직진(도보 2분) **시간** 10:00~21:00(월~금), 9:00~21:00(주말, 공휴일) **가격** NT$110(샤오롱바오 5개), NT$220(샤오롱바오 10개), NT$260(니우러우미엔) **홈페이지** www.dintaifung.com.tw **전화** 02-2321-8928

전 세계 80여 개의 매장을 운영하고 있는 딤섬 레스토랑 딘타이펑의 본점이 바로 융캉제에 있다. 1993년 《뉴욕타임스》 세계 10대 레스토랑에 선정되면서 유명세를 떨치며 미식가는 물론 타이베이를 찾는 여행자들이라면 꼭 방문하는 필수 코스로 자리 잡았다. 대표 메뉴는 당연히 샤오롱바오小籠包로 부드럽고 얇은 만두피 속에 진한 육즙과 담백한 만두소가 일품이다. 이외에도 딤섬과 함께 홍샤오 니우러우 미엔紅燒牛肉麵, 단단미엔擔擔麵 등을 곁들여 먹으면 제대로 된 한 끼 식사를 해결할 수 있다.

딘타이펑 버금가는 딤섬 레스토랑
가오지 高記 🍴

주소 台北市大安區復興南路 1段 150號 **위치** MRT 둥먼(東門)역 5번 출구에서 오른쪽으로 꺾으면 왼편(도보 3분) **시간** 9:30~22:30(월~금), 8:30~22:30(토, 일) **가격** NT$1,200(2인 세트) **홈페이지** www.kao-chi.com **전화** 02-2751-9393

융캉제에서 딘타이펑과 함께 타이베이 사람들의 사랑을 받고 있는 딤섬 전문 레스토랑으로, 딘타이펑 못지않은 인기와 맛을 자랑하는 곳이다. 설립자 가오메이스 씨가 16세 때 상하이에 직접 가서 샤오롱바오의 대가에게 비법을 전수받고 돌아와 1949년 문을 열었다. 쫄깃한 만두피에 고소하면서 진한 육수가 특징인 샤오롱바오와 철판에 구워 아래가 바삭한 군만두인상하이 스타일의 상하이티에궈성지엔바오가 대표 메뉴다. 딤섬 외에도 부드러운 육질이 환상적인 동파육 또한 인기 메뉴다. 한국인을 위한 한국어 메뉴판이 따로 준비돼 있으며 세트 메뉴도 주문 가능하다.

선메리
SUNMERRY 聖瑪莉 [썬메리]

주소 台北市大安區信義路 2段 186號 **위치** MRT 둥먼(東門)역 5번 출구에서 직진(도보 1분) **시간** 7:30~22:00 **가격** NT$180(펑리수 12개입) **홈페이지** www.sunmerry.com.tw **전화** 02-2392-0224

선메리는 타이베이 시내에 15개의 매장이 있는 현지 유명 베이커리로, 다양한 빵 이외에도 타이완 대표 간식인 펑리수, 누가 크래커, 에그 롤 등을 판매하고 있다. 그중 가장 인기 메뉴는 한입에 먹기 좋은 미니 펑리수로 파인애플 캐릭터가 그려진 귀여운 포장에 가격까지 합리적이어서 선물용으로도 많이들 구입해 간다. 펑리수는 낱개 구매도 가능하다.

아침에 즐겨 먹는 대표 길거리 음식

천진총조병 天津蔥抓餠 [텐진총좌빙]

주소 台北市大安區永康街 6巷 1號 **위치** MRT 둥먼(東門)역 5번 출구에서 도보 3분 **시간** 11:00~22:00 **가격** NT$25~(총좌빙) **전화** 02-2321-3768

융캉제 공원 입구쯤 다다르면 작은 노점에 줄이 길게 늘어선 모습이 눈에 들어오는데 바로 총좌빙을 구입하기 위해 기다리는 사람들이다. 우리나라의 호떡과 비슷한 총좌빙은 아침에 즐겨 먹는 대표 길거리 음식 중 하나로, 천진총조병은 오로지 총좌빙 하나로 융캉제에서 맛집으로 통하는 곳이다. 메뉴는 기본 맛부터 소시지, 치즈, 달걀 등이 올라간 메뉴까지 생각보다 다양하다. 주문하면 즉석에서 구워 주는데 페이스트리처럼 겹겹이 구워져 고소하면서 쫀쫀하게 찰진 맛이 매력적이다.

여행객에게 최적화된 기념품 가게
래호 來好[라이하오]

주소 台北市大安區永康街 6巷 11號 **위치** MRT 둥먼(東門)역 5번 출구에서 융캉제 거리로 우회전 후 스무시 사거리에서 다시 오른쪽 골목으로 직진(도보 5분) **시간** 10:00~21:30 **홈페이지** www.laihao.com.tw **전화** 02-3322-6136

여행객들에게 이보다 완벽한 기념품 가게가 있을까 싶을 정도로 타이완과 관련된 각종 아이템들이 총망라돼 있는 곳이다. 해외 여행 잡지에도 소개된 일침일선에는 펑리수부터 일러스트 엽서, 말린 과일, 고궁 박물원에 전시돼 있는 예술품까지 타이완을 주제로 한 다채로운 제품이 눈길을 사로잡는다. 지하로 내려가면 90년대의 향수가 물씬 풍기는 아날로그 감성이 가득한 수공예 가방, 지갑과 타이완 명차들이 한 곳에 모여 있어 그야말로 기념품을 구입하기 최고의 장소다.

현지인들에게 더 사랑받는 만두집
동문교자관 東門餃子館 [둥먼쟈오즈관]

주소 台北市大安區金山南路 2段 31巷 37號 **위치** MRT 둥먼(東門)역 5번 출구에서 첫 번째 골목에서 우회전 후 직진, 스무시 사거리에서 오른쪽으로 들어가면 나온다(도보 7분) **시간** 11:00~14:30(점심: 평일), 17:00~21:00(저녁: 평일) / 11:00~15:00(점심: 주말), 17:00~21:30(저녁: 주말) **가격** NT$70~(만두), NT$450(훠궈) **홈페이지** www.dongmen.com.tw **전화** 02-2341-1685

융캉제에서 현지인들에게 더 사랑받는 소박한 만두집이다. 만두뿐만 아니라 훠궈, 국수 등 80여 가지에 달하는 다채로운 중국 음식을 맛볼 수 있다. 만두 중에서는 새우로 속을 채운 시엔샤정쟈오鮮蝦蒸餃, 한쪽만 바삭하게 구운 주러우궈테豬肉鍋貼가 인기가 많으며 탕수육과 비슷한 탕추리지糖醋里脊, 매콤한 마파더우푸麻婆豆腐 같은 요리를 주문해서 함

께 먹으면 부담 없는 가격으로 푸짐하게 한 끼 식사를 해결할 수 있다.

타이완에서 꼭 맛봐야 할 우육면 맛집

융캉우육면 永康牛肉面 [융캉니우러우미엔]

주소 台北市大安區金山南路 2段 31巷 17號 **위치** MRT 둥먼(東門)역 3번 출구에서 왼쪽 골목으로 들어간 후 두 블록 지나 왼쪽으로 직진(도보 5분) **시간** 11:00~15:00, 16:30~21:00 **가격** NT$240(홍샤오 니우러우미엔소), NT$270(홍샤오 니우러우미엔대), NT$130(펀정 파이구[粉蒸排骨]) **전화** 02-2351-1051

우육면은 타이완에서 꼭 맛봐야 할 음식 중 하나로, 융캉 우육면은 관광객들은 물론 현지인들도 추천하는 맛집이다. 이곳의 대표 메뉴는 담백한 맛의 백탕과 얼큰한 맛의 홍샤오 우육면으로 칼국수 같은 면발에 두툼하고 부드러운 소고기가 올라가 있어 한 끼 식사는 물론 보양식으로도

손색이 없다. 홍샤오 우육면은 소고기, 힘줄, 힘줄이 들어간 소고기 3가지 중에서 선택이 가능하다. 우육면 이외에도 찹쌀과 돼지고기를 넣고 찐 펀정파이구粉蒸排骨 또한 인기 메뉴다.

순수 그대로의 망고빙수를 맛볼 수 있는 곳

스무시 思慕昔

주소 台北市大安區永康街 15號 **위치** MRT 둥먼(東門)역 5번 출구에서 첫 번째 골목에서 우회전 후 직진(도보 5분) **시간** 9:30~23:00 **가격** NT$190~(빙수) **홈페이지** www.smoothie.com.tw **전화** 02-2341-6161

타이베이에서 '아이스 몬스터'와 함께 가장 유명한 망고빙수집으로, 순수 그대로의 망고빙수를 맛볼 수 있어 언제나 손님이 많은 곳이다. 망고빙수 맛집답게 달콤한 망고빙수가 베스트셀러고 딸기, 키위 등이 올라간 과일 빙수도 판매하고 있다. 망고 철이 지나면 생과일 대신 망고 젤리가 나오기도 하니, 싱싱한 과일 빙수를 맛보고 싶다면 다른 생과일 빙수를 주문하는 것이 좋다. 가장 저렴한

빙수 가격이 NT$180으로 조금 비싼 편이지만 맛도 좋고 두 명이서 먹어도 될 정도로 푸짐한 양을 자랑한다. 최근에는 한 블록 건너편에 2호점을 오픈했다. 망고 얼음과 망고 아이스크림이 얹어진 챠오지쉐러오 망궈쉐화빙超級雪酪芒果雪花冰(NT$210)과 망고 얼음에 우유 푸딩이 얹어진 쇼우공시엔나이라오 망궈쉐화빙手工鲜奶酪芒果雪花冰(NT$210)이 추천 메뉴다.

전 세계로 진출한 타이완 유기농 화장품 브랜드
아원 阿原 [아위안]

주소 台北市大安區永康街 8號 **위치** MRT 둥먼(東門)역 5번 출구에서 융캉제로 우회전 후 직진(도보 5분) **시간** 10:30~22:00 **홈페이지** www.eshop.yuansoap.com **전화** 02-3393-6891

아원은 일본, 싱가포르, 홍콩 등 전 세계로 진출한 타이완 유기농 화장품 브랜드다. 오로지 자연에서 자란 천연 재료만을 사용해 만든 유기농 제품들은 그 효능이 입증돼 민감한 피부 때문에 고민하는 여성들 사이에서 인기가 많다. 대표 상품은 유기농 허브 비누와 아로마 오일, 이외에도 입욕제, 보디 워시 등의 보디용품으로 타이완에서 재배한 차도 함께 판매하며 선물용으로 구입하면 고급스럽게 포장해 준다.

실용적이면서 심플한 디자인 숍
마마 MAMA

주소 台北市大安區永康街 31-1號 **위치** MRT 둥먼(東門)역 5번 출구에서 융캉제 거리로 우회전 후 직진(도보 7분) **시간** 10:00~22:00

융캉제 공원 끝에 위치한 마마는 개성 넘치는 핸드메이드 제품과 우산을 판매하는 잡화점이다. 대부분의 아이템이 핸드메이드 제품이라 다른 곳에서는 볼 수 없는 아이템들이 가득해서 나만의 기념품을 구입하려는 여행객들에게 그야말로 안성맞춤이다. 왼쪽 벽면에는 타이베이의 궂은 날씨에 필수품인 우산과 양산이 눈길을 사로 잡으며, 오른쪽으로 발길을 돌리면 다양한 만화 캐릭터, 동물들로 디자인한 열쇠고리, 동전 지갑 등 귀엽고 아기자기한 아이템들이 기다리고 있다.

매콤한 우육면이 생각난다면 이 집으로

노장우육면 老張牛肉麵 [라오장니우러우미엔]

주소 台北市大安區愛國東路 105號 **위치** MRT 둥먼(東門)역 5번 출구에서 나와 첫 번째 골목에서 우회전 후 계속 직진한 뒤 융캉제공원이 끝나면 우회전 후 직진(도보 10분) **시간** 11:00~15:00, 17:00~21:00 **휴무** 화요일 **가격** NT$260(牛筋麵 小), NT$290(牛筋麵 大) **홈페이지** www.lao-zhang.com.tw **전화** 02-2396-0927

융캉우육면과 함께 융캉제에서 오래된 집으로 한국인에게는 덜 알려져 있지만 현지인들에게는 소문난 맛집이다. 탕은 백탕, 토마토, 매운맛 중 선택하면 탱탱한 면에 부드러운 고기가 올라간 한 그릇이 나오는데 든든하게 한 끼 식사를 해결할 수 있다. 매운맛은 일반 홍샤오 우육면보다 살짝 매콤한 정도다. 다른 곳에 비하면 가격이 조금 비싼 편이지만 매콤한 우육면을 먹고 싶다면 노장우육면 집으로 가 보자.

철판 녹차 케이크가 유명한 말차 카페

화명감미처 myowa café 和茗甘味處 [허밍간웨이추]

주소 台北市大安區金華街 221號 **위치** MRT 둥먼(東門)역 5번 출구에서 나간 후 첫 번째 골목에서 우회전 뒤 계속 직진하다 왼쪽 싼탕궁쭤스(三糖工作室)가 나오면 우회전 후 직진(도보 10분) **시간** 12:30~21:30 **가격** NT$120~(케이크), NT$100~(음료), NT$240(철판 녹차 케이크[鐵板抹茶熱蛋糕]) **홈페이지** www.facebook.com/myowacafe **전화** 02-2351-8802

작고 분위기 좋은 카페가 많은 융캉제에서 말차抹茶로 유명한 카페. 아이스크림과 음료부터 떡과 팥이 가득한 파르페 세트, 달콤한 케이크와 푸딩까지 다양한 디저트를 만나 볼 수 있다. 가장 인기 있는 메뉴는 뜨거운 철판 위에 브라우니와 아이스크림을 올리고 녹차를 뿌려 먹는 철판 녹차 케이크鐵板抹茶熱蛋糕로 따뜻하면서 고소하고, 부드러우면서 차가운 맛을 동시에 느낄 수 있다. 1인 1메뉴 이상 주문해야 하며 90분의 이용 시간과 NT$150의 미니멈 차지가 있다.

실용적이면서 심플한 디자인 숍

품묵량행 品墨良行 [핀모량항]

주소 台北市大安區永康街 63號 **위치** MRT 둥먼(東門)역 5번 출구에서 융캉제를 따라 도보 10분 **시간** 10:00~19:00 **휴무** 월요일 **홈페이지** www.pinmo.com.tw **전화** 02-2358-4670

품묵량행은 실용적이면서 심플함을 강조한 디자인 숍으로 우드로 꾸며진 실내는 아늑하면서 편안한 느낌을 준다. 작은 공간에 종이와 관련된 팬시와 핸드메이드 가방, 천연 식재료로 만든 간식들이 진열돼 있는데 무엇보다 종이를 이용한 예쁘고 멋스러운 제품들이 눈길을 사로잡는다. 안쪽에는 다채로운 색상과 재질의 속지가 진열돼 있는데 직접 재질과 속지를 골라 세상에 오직 하나뿐인 자기만의 노트를 만들 수 있다.

옛 일본식 건물로 정갈한 레스토랑

청전칠육 青田七六 [칭티엔치리우]

주소 台北市大安區青田街 7巷 6號 **위치** MRT 둥먼(東門)역 5번 출구에서 융캉제를 따라 도보 15분 **시간** 11:30~21:00 **휴무** 매월 첫째 주 월요일 **가격** NT$180~(커피), NT$150~(디저트), NT$280~(식사), 14:30~17:00(애프터눈 티 세트), NT$150~(1인 미니멈 차지) *SC 10% **홈페이지** www.qingtian76.tw **전화** 02-2391-6676

주소 이름을 따서 지은 일본식 목조 주택의 카페 청전칠육은 1931년에 처음 지어진 이후 일찍이 타이완 대학 지질학 교수인 마정영 선생이 지내던 곳이다. 80년이란 세월이 지났지만 기존 일본식 건축 양식인 다다미 같은 침실과 좁고 길게 뻗은 회랑, 응접실, 서재 등 옛 모습이 잘 보존돼 있으며 현재는 레스토랑으로 운영되고 있다. 점심과 저녁 시간에는 정갈한 일본식 식사가 가능하며 오후에는 야외 테라스에서 느긋하게 차와 함께 애프터눈 티 세트를 즐길 수 있다. 외부에 개방돼 있는 실외에는 작은 연못과 정원 그리고 작은 전시 공간이 있어 여유롭게 둘러보기 좋다.

핫 핑크색 간판이 포인트인 베이커리 매장

이지셩 一之軒

주소 台北市大安區信義路 2段 226號 **위치** MRT 둥먼(東門)역 5번 출구에서 나와 직진(도보 5분) **시간** 7:00~22:00 **가격** NT$270(플라스틱 누가 크래커 18개입), NT$210(낱개 포장 누가 크래커 14개입) **홈페이지** www.ijysheng.com.tw **전화** 02-3322-5566

멀리서도 눈에 들어올 정도로 핫 핑크색의 간판이 인상적인 이지셩은 베이커리 매장으로, 한국인들에게 가장 인기 있는 메뉴는 누가 크래커와 펑리수다. 미미 크래커는 예약 주문이 아니면 구입하기 힘들지만 이지셩은 융캉제는 물론 타이베이 시내에서 쉽게 찾을 수 있어 접근성이 좋아 은근히 인기가 많은 곳이다. 누가 크래커 같은 경우 낱개 포장, 플라스틱 통에 담긴 것 두 종류가 있다. 낱개 포장 같은 경우 유통 기한이 조금 더 길지만 상자에 담아 주기 때문에 부피가 조금 더 크다. 야채 맛 이외에도 크랜베리 누가 크래커도 판매한다. 가장 인기 많은 제품은 레몬 케이크로 상큼하면서 너무 달지 않은 것이 특징이다. 주문 전 모든 메뉴를 직접 맛보고 구매할 수 있다.

색다른 버블티가 기다리는 버블티 전문점

보비 프루티 Bobii Frutii

주소 台北市大安區敦化南路 1段 187巷 17號 C **위치** MRT 중샤오둔화(忠孝敦化)역 7번 출구에서 오른쪽으로 직진후 첫 번째 사거리에서 우회전하면 바로(도보 3분) **시간** 12:00~22:00 **가격** NT$80~(음료) **홈페이지** www.facebook.com/bobii.tw **전화** 02-2772-9887

색다른 버블티를 만나 보고 싶다면 보비 프루티를 가 보자. 다양한 차와 음료, 과일에 알록달록한 타피오카가 들어간 컬러풀한 색상의 버블티에 출근하기 싫어不想上班, 어린 시절의 추억童年記趣, 인어의 눈물人魚的眼淚과 같이 다른 곳에서는 만나 보기 힘든 재미있는 이름의 버블티를 맛볼 수 있다. 계절별로 재미있는 한정판 음료도 판매하고 있다. 실내는 깨끗한 오픈 키친과 함께 테이블이 마련돼 있으나 사람이 많을 경우 테이크아웃하는 것이 좋다.

타이베이 시의 심장

다안 삼림 공원 大安森林公園 [다안썬린공위안]

주소 台北市大安區新生南路 **위치** MRT 다안(大安)역에서 융캉제 방향을 따라 도보 10분 **시간** 24시간 개방 **전화** 02-2700-3830

타이베이 시내 중심에 위치해 있어서 타이베이 시의 심장이라고도 불리는 다안 삼림 공원은 면적이 약 26ha에 달하는 드넓은 공원이다. 1994년 개방돼 푸른 숲속을 산책하며 도심 속 여유와 휴식을 즐기려는 시민들로 항상 활기차다. 공원은 대나무 숲, 식물, 저수지 등으로 나뉘어 있으며 야외에 설치된 노천 무대에서는 예술 공연과 음악회 등 다양한 프로그램과 이벤트가 열린다.

타이완 최고의 대학
국립 타이완 대학 National Taiwan University 國立臺灣大學 [궈리타이완다쉐]

주소 台北市大安區羅斯福路 4段 1號 **위치** MRT 궁관(公館)역 2번, 또는 3번 출구에서 도보 5분 **홈페이지** www.ntu.edu.tw **전화** 02-3366-3366

1928년에 설립된 국립 타이완 대학은 명실공히 타이완 최고의 대학으로 캠퍼스 내에는 유구한 역사를 간직한 건물들이 곳곳에 남아 있다. 정문을 지나 들어가다 보면 나오는 아름다운 야자수 길은 캠퍼스 뷰 포인트 중 한 곳으로 산책하는 시민들과 사진을 찍으려는 관광객들을 많이 볼 수 있다.

대학가 주변답게 젊고 푸짐한 시장
사대 야시장 師大夜市 [스다예스]

주소 台北市大安區師大路 **위치** MRT 타이디엔다러우(台電大樓)역 3번 출구에서 우회전 후 직진하면 오른쪽 **시간** 16:00~24:00

국립 타이완 사범대학 옆에 위치한 사대 야시장은 이런 주변 환경 때문에 젊고 활기차며 야시장보다는 대학가 분위기가 느껴지는 곳이다. 학생들의 주머니 사정을 고려한 저렴하고 푸짐한 맛집뿐만 아니라 고향 음식을 그리워하는 외국인 유학생들을 위한 이국적인 음식들까지 만나 볼 수 있다. 먹거리뿐만 아니라 골목골목 잡화점, 옷 가게 등이 함께 어우러져 있다. 저녁이면 공원 한쪽에서 길거리 공연을 하는 학생들도 만나 볼 수 있다.

철거 위기의 달동네가 예술의 공간으로 변신한 곳

보장암 국제 예술촌 寶藏巖國際藝術村 [바오장옌 궈지이수춘]

주소 台北市中正區汀州路 3段 230巷 14弄 2號 **위치** MRT 궁관(公館)역 1번 출구에서 도보 15분 **시간** 11:00 ~22:00 **휴관** 월요일 **홈페이지** www.artistvillage.org **전화** 02-2364-5313

보장암을 지나 조금 더 안쪽으로 들어가면 나오는 보장암 국제 예술촌은 원래 철거 예정이던 오래된 판잣집들이 자리 잡은 곳이었다. 그러나 주민들의 반대로 철거가 취소되고 아티스트들 이 들어오면서 예술과 문화라는 옷을 입고 새로운 핫 플레이스가 됐다. 옛날 달동네 같은 모습 의 미로 같은 골목들을 따라가다 보면 아티스트들의 작업실에서 진행하는 프로그램 및 전시회 등을 만나 볼 수 있다. 산기슭 아래 오래된 집들이 함께 어우러진 독특한 분위기로 2006년《뉴 욕타임스》에서 타이베이 101빌딩과 함께 타이베이 명소로 선정되기도 했다.

'개구리알'이라는 버블티가 유명한 곳

진삼정 陳三鼎 [천산딩]

주소 台北市中正區羅斯福路 3段 316巷 8弄 2號 **위치** MRT 궁관(公館)역 4번 출구에서 직진하다 첫 번째 차량 신호등 있는 곳에서 좌회전 후 직진(도보 10분) **시간** 11:00~21:30 **휴무** 월수일 **가격** NT$40~(음료) **전화** 02-2367-7781

타이완 3대 밀크티라 불릴 정도로 타이베이에서 버블티로 유명한 곳이다. 가루를 사용하는 다른 밀크티와는 다르게 진삼정에서는 생우유에 흑설탕에 졸인 달콤한 타피오카를 넣어 주는데, 고소한 향과 달콤함이 정말 환상적인 조화를 이룬다. 메뉴에는 버블티가 아니라 '개구리알靑蛙'이라고 적혀 있으며 주문 시 얼음의 양을 원하는 대로 선택할 수 있다. 흑설탕 때문에 조금 달 수 있으니 몇 번 흔든 후 마시는 것이 더 좋다.

타이베이 시내 중심에 위치한 둥취는 MRT 중샤
오푸싱역부터 MRT 중샤오둔화역 사이로 태평
양 소고 백화점, 브리즈 센터와 같은 대형 쇼핑
몰은 물론 전 세계 다양한 브랜드 숍, 독특한 플
래그 숍, 개성 있는 아트 숍들이 큰 상권을 형성
하고 있는 쇼핑 타운이다. 타이베이에서 가장
트렌디한 곳으로 특히 유행에 민감한 젊은이들에게 놀이터로 트렌드 세터들을 위한
유니크한 숍들이 곳곳에서 눈길을 사로잡는다. 유명한 레스토랑과 커피, 달콤한 디저트
를 판매하는 카페들도 만나 볼 수 있어 쇼핑하다 지친 몸을 쉬어 갈 수 있다.

MRT

MRT 출구와 연결된 관광지

MRT 중샤오푸싱역 주변으로 태평양 소고 백화점, 브리즈 센터 같은 대형 백화점들이 밀집해 있으며 유명한 레스토랑과 카페들은 MRT 중샤오둔화역 주변에 모여 있다.

중샤오푸싱忠孝復興**역**
- **2번** 태평양 소고 백화점
- **4번** 삼화원
- **5번** 브리즈 센터, 만저다, 임동방우육면

중샤오둔화忠孝敦化**역**
- **2번** 아이스 몬스터, 다즐링 카페
- **3번** 원딩마라궈

둥취 일대 BEST COURSE

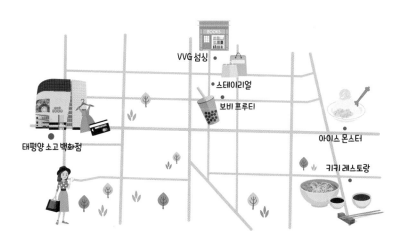

VVG 섬싱

스테이리얼

보비 프루티

아이스 몬스터

키키 레스토랑

태평양 소고 백화점

대중적인 코스

둥취의 랜드마크인 태평양 소고 백화점에서 쇼핑을 즐긴 후
골목에 숨어 있는 유니크한 숍을 구경해 보자.

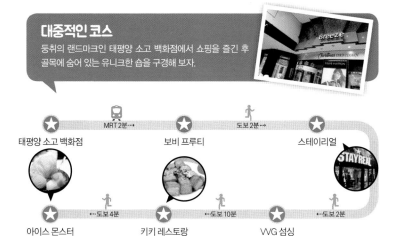

태평양 소고 백화점 ···MRT 2분··· 보비 프루티 ···도보 2분··· 스테이리얼

아이스 몬스터 ···도보 4분··· 키키 레스토랑 ···도보 10분··· VVG 섬싱 ···도보 2분···

먹방족을 위한 코스

쇼핑과 함께 현지인들에게 사랑받는 알짜배기 현지 맛집들을
방문하는 식도락을 위한 최고의 코스다.

⭐ 만저다 ─── 도보 9분 → ⭐ VVG 섬싱 ─── 도보 2분 → ⭐ 스테이리얼

⭐ 아이스 몬스터 ← 도보 4분 ─── ⭐ 원딩마라궈 ← 도보 5분 ─── ⭐ 보비 프루티 ← 도보 2분 ───

쇼핑족을 위한 코스

둥취 뒷골목에 숨어 있는 트렌드 세터들도 반한 개성 넘치는
잡화점들을 구경하며 색다른 쇼핑을 즐길 수 있는 코스다.

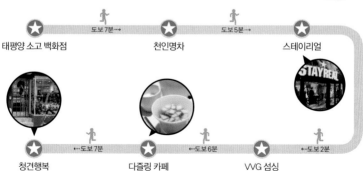

⭐ 태평양 소고 백화점 ─── 도보 7분 → ⭐ 천인명차 ─── 도보 5분 → ⭐ 스테이리얼

⭐ 청견행복 ← 도보 7분 ─── ⭐ 다즐링 카페 ← 도보 6분 ─── ⭐ VVG 섬싱 ← 도보 2분 ───

둥취의 랜드마크

태평양 소고 백화점 푸싱관 太平洋SOGO復興館 [타이핑양 SOGO 푸싱관]

주소 台北市大安区忠孝東路 3段 300號 **위치** MRT 중샤오푸싱(忠孝復興)역 2번 출구에서 바로 **시간** 11:00 ~21:30 **홈페이지** www.sogo.com.tw **전화** 02-2776-5555

MRT와 연결돼 있는 태평양 소고 백화점은 중샤오푸싱의 대표 쇼핑 스폿으로, 둥취의 랜드마크와도 같은 곳이다. 1층에는 샤넬, 티파니, 에르메스 같은 해외 유명 브랜드들이 들어서 있으며 딤섬 맛집으로 유명한 디엔수이러우, 딘타이펑이 입점해 있어 쇼핑과 식사를 한군데서 해결할 수 있다. 지하에는 홍콩 대표 슈퍼마켓인 시티 슈퍼와 푸드 코트가 들어서 있고 초콜릿으로 유명한 고디바(GODIVA)와 로이스(Royce)도 있다. 9층에는 250년 전통의 영국 황실 가구로 유명한 웨지우드(Wedgwood)가 오픈한 고풍스러운 웨지우드 티 룸에서 영국 오리지널 홍차를 즐길 수 있다.

한곳에서 다양하게 즐길 수 있는 대형 복합 쇼핑몰

브리즈 센터 Breeze Center 微風廣場 [웨이펑광창]

주소 台北市松山區復興南路 1段 39號 **위치** MRT 중샤오푸싱(忠孝復興)역 5번 출구에서 직진 도보 5분 **시간** 11:00~21:30(일~수), 11:00~22:00(목~토) **홈페이지** www.breezecenter.com **전화** 0809-008-888

2001년에 오픈한 브리즈 센터 본점으로, 쇼핑, 레저, 레스토랑 등이 여러 기능을 결합한 대형 복합 쇼핑몰이다. 타이베이 최초로 미국식 스타일의 현대적인 감각의 인테리어를 느낄 수 있다. 내부에는 구찌, 루이비통, 프라다 등 해외 명품 브랜드, 지하에는 전 세계 고급 식재료만을 판매하는 브리즈 슈퍼(Breeze Super)가 입점해 있으며 타이완식뿐만 아니라 일식, 한식을 맛볼 수 있는 푸드 코트가 있다.

흑송세계 黑松世界 [헤이쑹스제]

위치 브리즈 센터 2층 **시간** 11:00~21:30(화, 수, 일), 11:00~22:00(목~토) **휴관** 월요일, 공휴일 **요금** 무료
홈페이지 www.heysong.com.tw **전화** 02-2731-8167

흑송세계는 타이완 현지 음료 회사인 흑송黑
松 회사의 생산 공장을 허물고 그 위에 지은
브리즈 센터에서 흑송 공장을 기념하고자 개
장된 박물관이다. 2001년 처음 문을 연 이
곳은 2011년 리노베이션을 거쳐 지금까지
운영되고 있다. 안에는 흑송 회사에서 판매
하는 음료와 CF에 출연한 연예인들의 사진
들이 걸려 있으며 자사 브랜드의 제품을 맞
추는 게임, 옛 모습을 그대로 재현한 슈퍼마

켓 등 흑송 회사의 역사를 한눈에 보기 쉽게
전시해 놨다.

담백한 국물이 끝내주는 우육면 로컬 식당

임동방우육면 林東芳牛肉麵 [린동팡 니우러우미엔]

주소 台北市中山區八德路二段322號 **위치** MRT 중샤오푸싱(忠孝復興)역 5번 출구에서 직진 후 육교가 교차
되는 사거리에서 왼쪽 신호등으로 건넌 뒤 직진해서 왼편(도보 15분) **시간** 11:00~다음 날 3:00 **휴무** 일요일
가격 NT$170(니우러우미엔[牛肉麵] 小) , NT$200(니우러우미엔[牛肉麵] 大) **전화** 02-2752-2556

현지인들이 사랑하는 로
컬 식당으로, 소박한 외
관이 왠지 믿음직스러
운 로컬 맛집이다. 다른
곳과 다르게 오로지 맑은
육수만을 사용한다. 담백한 국물에 오랜 시
간 조린 부드러운 소고기와 쫄깃한 면발이
어우러진 우육면은 느끼하지 않아 부담 없
이 즐길 수 있다. 매콤한 맛을 원한다면 타이
완식 고추장을 넣어 먹으면 된다. 교통이 조

금 불편하지만 우육면을 좋아한다면 충분히
가 볼 만한 가치가 있는 곳이다.

만저다 瞞著爹 [만저디에]

주소 台北市大安區八德路 2段 346巷 9弄 17號 **위치** MRT 중샤오푸싱(忠孝復興)역 5번 출구에서 도보 12분 **시간** 11:30~22:00 **가격** NT$320~(돈부리), NT$520(종합 사시미 덮밥[特選綜合海鮮丼]) *SC 10% **홈페이지** www.manjedad.com **전화** 02-7728-6588#203

영어로 'Don't tell papa'로 '아빠에게 비밀로'라는 의미를 지니고 있는 만저다는 일본식 사시미 돈부리 맛집으로, 본점 주변에만 3개의 점포가 있을 정도로 유명한 곳이다. 입구 카운터에 마련된 메뉴판에는 참치, 연어, 성게, 계란말이, 새우, 연어알, 키조개 등 싱싱한 해산물이 올라간 다양한 돈부리가 준비돼 있어 어떤 걸 먹어야 할지 그야말로 행복한 고민에 빠지게 된다. 어느 것 하나 놓칠 수 없다면 다양한 사시미 조각이 올라간 종합

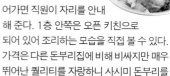

사시미 덮밥[特選綜合海鮮丼을 먹어 보자. 주문을 마치고 결제 후 안으로 들어가면 직원이 자리를 안내해 준다. 1층 안쪽은 오픈 키친으로 되어 있어 조리하는 모습을 직접 볼 수 있다. 가격은 다른 돈부리집에 비해 비싸지만 매우 뛰어난 퀄리티를 자랑하니 사시미 돈부리를 좋아하는 사람이라면 꼭 방문해 보자.

생과일과 잡곡이 들어간 신선한 주스 가게
화첨과실 BLOSSOMING JUICE 花甜果室 [화티엔궈스]

주소 台北市大安區敦化南路 1段 160巷 40號 **위치** MRT 중샤오둔화(忠孝敦化)역 7번 출구에서 직진 후 천인명차를 지나 오른쪽으로 직진하다 왼쪽 네 번째 골목 안(도보 15분) **시간** 13:00~20:00 **가격** NT$65~(주스), NT$90~(밀크셰이크), NT$95~(스무디) **홈페이지** www.facebook.com/BLOSSOMINGJUICE **전화** 02-2711-0234

일본식 생과일 음료수 가게인 화첨과실은 SNS에서 여성들에게 셀카가 예쁘게 나오기로 소문난 곳이다. 신선한 생과일과 잡곡을 함께 사용해 제조한 음료는 맛뿐만 아니라 영양도 뛰어나다. 미켈란젤로의 여신米開朗基羅的謬思, 바비 인형의 알 수 없는 마음芭比情歸何處, 용과 조폭 마누라火龍老大的女人와 같이 재미난 이름의 음료는 이름만큼 각각의 재료들이 섞여 오묘하면서 신비로운 색의 음료가 나온다. 한국어 메뉴가 따로 준비돼 있어 주문하기 편리하다.

퓨전 타이완 음식으로 젊은이들 사이에서 인기인 곳
삼화원 叁和院 [싼허위안]

주소 台北市大安區忠孝東路 4段 101巷 14號 **위치** MRT 중샤오둔화(忠孝敦化)역 7번 출구에서 큰 사거리를 지나 오른쪽 첫 번째 골목으로 직진 후 도보 5분 **시간** 11:30~23:00 **가격** NT$287(둥퍼러우[東坡肉]), NT$137(치웨이 차슈바오[刺蝟叉燒包] 3개) *SC 10% **홈페이지** www.sanhoyan.com.tw **전화** 02-2731-3833

젊은 감각으로 재해석한 타이완 음식과 모던하면서 트렌디한 인테리어로 젊은이들 사이에서 인기가 많아 예약이 필수인 곳이다. 야채와 땅콩, 닭고기를 넣어 볶은 궁바오지딩宮保雞丁, 통삼겹살을 진간장과 향신료를 사용해 조리한 둥퍼러우東坡肉 같은 식사 이외에 여러 종류의 귀엽고 발랄한 바오즈들을 맛볼 수 있다. 그중에서 차슈로 속을 채우고 기름으로 바삭하게 튀긴 고슴도치 모양의 치웨이 차슈바오刺蝟叉燒包가 베스트 메뉴다. 식사 이외에도 바에서 바텐더가 직접 제조한 칵테일도 주문이 가능해서 모임 장소로 인기가 많다.

차 전문점 중에서 가장 대중적인 곳
천인명차 天仁茗茶 [티엔런밍차]

주소 台北市忠大安孝東路 4段 107號 **위치** MRT 중샤오둔화(忠孝敦化)역 7번 출구에서 직진(도보 5분) **시간** 8:30~22:30(월~목), 9:00~22:30(금~일) **홈페이지** www.tenren.com.tw **전화** 02-2711-8868

차를 즐겨 마시는 타이완 사람들답게 어디에서나 쉽게 차 전문점을 볼 수 있는데 그중에서도 가장 대중적인 곳이 바로 천인명차다. 부담 없이 가볍게 즐길 수 있는 차들이 많으며 품질 또한 좋아 시민들의 한결같은 사랑을 받고 있다. 차와 함께 다기 세트도 구입이 가능하며 테이크아웃 매장에서는 전통차, 밀크티, 계절 음료 등을 주문할 수 있다.

중국 황실 콘셉트의 고급스러운 레스토랑
원딩마라궈 問鼎麻辣鍋

주소 台北市大安區忠孝東路 4段 210號 **위치** MRT 중샤오둔화(忠孝敦化)역 3번 출구에서 직진(도보 2분) **시간** 11:30~다음 날 1:00 **가격** NT$350~(1인) *SC 10% **홈페이지** www.wending.com.tw **전화** 02-2731-2107

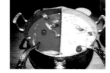

병마용이 우두커니 서 있는 입구에서부터 용과 봉황이 새겨진 은으로 만든 식기들까지 고급스러운 분위기의 원딩마라궈는 중국 황실 콘셉트의 레스토랑이다. 테이블에 앉으면 직원이 아이패드를 가져와 친절하게 주문하는 법을 설명해 준다. 기본 마라탕과 다양한 약초를 넣어 몸이 건강해지는 양생탕(한방탕) 등 여러 종류의 탕이 준비돼 있으며 마블링이 예술인 소고기와 생으로 먹어도 될 정도의 신선도를 자랑하는 해산물이 가장 인기가 많다. 대기 시간에는 지루하지 않게 OPI 네일 아트와 마사지를 받으면서 기다리면 된다. 홈페이지에서 한국어 서비스를 지원하니 점심, 저녁 시간에는 사전에 예약하고 가는 것이 좋다. 1인당 NT$350의 미니멈 차지, 2시간의 제한 시간이 있다.

꽃할배들도 반했던 아이스크림 가게
아이스 몬스터 ICE MONSTER

주소 台北市大安區忠孝東路 4段 297號 **위치** MRT 중샤오둔화(忠孝敦化)역 2번 출구에서 도보 5분 **시간** 10:30~22:30(일~목), 10:30~23:30(금, 토) **가격** NT$220(망고빙수, 하절기), NT$250(망고빙수, 동절기), NT$200(밀크티빙수) **홈페이지** www.ice-monster.com **전화** 02-8771-3263

타이베이를 대표하는 망고빙수 가게로, 한국 사람들에게는 3대 빙수집으로 손꼽힌다. 뛰어난 빙질의 빙수에 달콤한 아이스크림과 신선한 망고가 올라간 신시엔망궈미엔화티엔新鮮芒果綿花甜은 아이스 몬스터의 대표 메뉴로 〈꽃보다 할배〉 프로그램의 출연자들도 반했을 정도다. 일반 과일 빙수 외에도 타피오카에 올라간 밀크티빙수珍珠奶茶綿花甜, 고소한 땅콩과 달콤한 우유가 매력적인 땅콩빙수花生鮮奶綿花甜와 같은 색다른 빙수도 만나 볼 수 있다. 어린이들이 좋아할 만한 작고 귀여운 아이스바도 판매하고 있으며 테이블에서 먹을 경우 1인당 NT$120 이상 주문해야 한다.

100년 넘게 운영한 담자면의 원조집
도소월 度小月 [두샤오웨]

주소 台北市大安區忠孝東路 4段 216巷 8弄 12號 **위치** MRT 중샤오둔화(忠孝敦化)역 3번 출구에서 우회전 후 첫 번째 사거리에서 좌회전해서 조금만 가면 오른쪽(도보 5분) **시간** 11:30~21:30 **가격** NT$50(단자이미엔[擔仔麵]) **홈페이지** www.noodle1895.com.tw **전화** 02-2773-1244

우육면과 함께 타이완의 대표 면 요리인 담자면은 타이난을 대표하는 음식이다. 그중 도소월은 100년 넘게 운영하고 있는 그야말로 담자면의 원조라 불리는 곳이다. 담자면에는 삶은 국수에 다진 고기와 채소를 볶은 고명과 새우를 올려 주는데 서민들이 즐겨먹던 음식답게 소박함을 느낄 수 있다. 입구에 들어서면 직접 요리하는 모습을 볼 수 있도록 오픈 키친으로 되어 있어 구경하는 재미가 쏠쏠하다.

타이완 연예인이 오픈한 사천요리 레스토랑

키키 레스토랑 KiKi Restaurant 🍴

주소 台北市大安區光復南路 280巷 47號 1樓 **위치** MRT 궈푸지니엔관(國父紀念館)역 2번 출구에서 뒤돌아 직진 후 오른쪽 세 번째 골목으로 들어가서 직진하면 왼쪽(도보 8분) **시간** 11:30~15:00(점심: 월~토), 17:15~22:30(저녁: 월~토), 11:30~15:00(점심: 일), 17:15~22:00(저녁: 일) **가격** NT$230(라오피넌러우[老皮嫩肉]), NT$270(창잉터우[蒼蠅頭]) *SC 10% **홈페이지** www.kiki1991.com **전화** 02-2781-4250

깔끔한 사천요리를 맛볼 수 있는 곳으로, 우리나라에도 익숙한 타이완 연예인 서기와 그의 친구들이 함께 오픈한 레스토랑이다. 전통 사천요리의 매콤함에 담백함을 더해 한국 여행자들 사이에서는 꼭 방문해야 하는 필수 코스일 정도다. 다양한 사천요리 중에서 보들보들해서 입에 넣으면 순식간에 사르르 녹는 라오피넌러우老皮嫩肉와 파와 고추, 돼지 고기를 볶은 창잉터우蒼蠅頭는 한국인들에게 No.1 인기 메뉴로 밥도둑이 따로 없다. 한국어로 된 메뉴도 준비돼 있고 매운 정도를 고추로 표시해 놔서 주문하는 데 어려움이 없다. 저녁에는 모임 장소로도 인기가 많아 사전에 케이케이데이(kkday) 사이트에서 미리 예약하고 가는 것이 좋다.

✎TIP **en.extable.com**

카페, 식당, 호텔 레스토랑을 예약할 수 있는 사이트로, 사전에 예약 후 기다림 없이 맛있는 식사를 즐길 수 있어 현지인은 물론 관광객에게도 인기가 많다. 타이베이는 물론 타이완 주요 도시의 핫한 맛집들도 소개하고 있다. 결제는 현장에서 해야 하며 중국어와 영어 서비스만 지원하지만 이용하는데 어렵지 않다. 앱으로 다운로드 가능하지만 정확한 예약을 위해선 사이트에서 직접 하는 것이 좋다.

주요 예약식당: 키키 레스토랑

나만의 오르골을 만들 수 있는 수제 오르골 전문점

청견행복 聽見幸福 [팅지엔싱푸]

주소 台北市大安區忠孝東路 4段 170巷 19號 **위치** MRT 중샤오둔화(忠孝敦化)역 4번 출구에서 반대 방향으로 직진하다 오른쪽 골목 안(도보 5분) **시간** 10:30~20:30 **휴무** 매월 셋째 주 일요일 **홈페이지** www.blog.xuite.net **전화** 02-8773-3913

둥취에서 직접 오르골 제작이 가능한 수제 오르골 전문점으로, 가게 이름처럼 언제나 행복한 소리로 가득한 곳이다. 크지 않은 매장에 들어가면 독일에서 건너온 장난감 목각 인형들과 신비로운 음악 소리가 흘러나오는 오르골들이 마치 동화 속에 들어온 듯한 느낌을 준다. 완제품 구입뿐만 아니라 받침, 인형, 음악을 직접 골라 세상에 하나뿐인 나만의 오르골 제작도 가능하니 나만의 오르골을 만들어서 기념품으로 간직해 보자.

타이완 인기 그룹 멤버가 운영하는 브랜드 숍

스테이리얼 STAYREAL

주소 台北市大安區敦化南路 1段 177巷 9號 **위치** MRT 중샤오둔화(忠孝敦化)역 7번 출구에서 직진 후 첫 번째 골목으로 들어가서 직진(도보 5분) **시간** 14:00~22:00 **홈페이지** www.istayreal.com **전화** 02-8771-9411

타이완의 인기 그룹 우웨티엔五月天의 보컬 멤버인 아신阿信이 디자이너 친구와 함께 운영하는 브랜드로, 트렌디한 스타일에 유명 브랜드와의 콜라보 제품을 만나 볼 수 있어 팬들은 물론 둥취를 찾는 트렌드 세터들이 즐겨 찾는 곳이다. 스테이리얼의 시그니처인 귀여운 쥐 인형의 캐릭터 상품과 의류, 모자, 가방을 판매하고 있으며 가끔 멤버들이 매장을 직접 방문하기도 하니 팬이라면 꼭 한 번 들러 보자.

달콤한 디저트로 여심을 사로잡은 브런치 카페

드립 카페 DRIP cafe

주소 台北市大安區忠孝東路 4段 170巷 6弄 10號 **위치** MRT 중샤오둔화(忠孝敦化)역 5번 출구에서 좌회전 후 왼쪽 첫 번째 골목 안에(도보 5분) **시간** 11:30~22:00 **가격** NT$110(아메리카노), NT$140(빙치우카페이어우레이[冰球咖啡歐蕾]), NT$230(커나즈 차오메이[可拿滋 草莓]) **홈페이지** www.facebook.com/DripCafeTaipei **전화** 02-2740-8589

오픈 전부터 사람들이 줄 서서 기다릴 정도로 떠오르는 드립 카페는 커피의 퀄리티가 뛰어날 뿐만 아니라 달콤한 디저트로 여심을 사로 잡은 브런치 카페다. 문을 열고 안으로 들어가면 나무와 벽돌로 장식한 인테리어와 오픈 키친이 눈길을 끈다. 동그란 커피 얼음에 우유를 부어 마시는 빙치우카페이어우레이[冰球咖啡歐蕾]와 바삭한 크루아상 도넛에 부드러운 커스터드 크림, 새콤달콤한 딸기와 아이스크림의 커나즈 차오메이[可拿滋 草莓]가 인기 메뉴다. 식기는 홀에서 직접 가져 와야 하며 1인 1음료 이상 주문해야 한다.

'세상에서 가장 아름다운 서점 20' 안에 든 서점

VVG 섬싱 VVG Something

주소 台北市忠孝東路四段 181巷 40弄 13號 **위치** MRT 중샤오둔화(忠孝敦化)역 7번 출구에서 도보 5분 **시간** 12:00~21:00 **홈페이지** vvgvvg.blogspot.kr **전화** 02-2773-1358

VVG는 'Very Very Good'의 약자로 둥취 골목의 작은 식당에서 시작해 지금은 디저트 카페, 레스토랑, 잡화 점부터 호텔까지 자신 들만의 색깔을 녹여 점 차 하나의 라이프스타

일 브랜드로 자리 잡은 디자인 그룹이다. 그 중 VVG 섬싱은 미국의 한 대중 매체에서 '세 상에서 가장 아름다운 서점 20'에 선정된 감 각적인 서점이다. 작은 공간에 전 세계에서 구입해 온 책과 빈티지한 매력의 소품들이 전시돼 있어 구경하는 재미가 쏠쏠하다.

매일 한정으로 판매하는 더치커피가 매력적인 카페

가배농 咖啡弄 [카페이 룽]

주소 台北市大安區敦化南路 1段 187巷 42號 2樓 **위치** MRT 중샤오둔화(忠孝敦化)역 2번 출구에서 좌회전 후 두 번째 사거리 골목에서 좌회전 뒤 직진해 왼편(도보 10분) **시간** 12:00~22:00 **가격** NT$220(스트로베리 와플[草莓冰淇淋鬆餅]), NT$170(더치커피[冰滴咖啡]) *SC 10% **홈페이지** www.coffee-alley.com **전화** 02-2711-1910

타이베이에만 몇 개의 지점이 있는 카페 이 농은 젊은 여성들이 많이 찾는 카페로, 와플 과 브런치가 대표 메뉴다. 따뜻한 와플에 딸 기 시럽과 아이스크림 그리고 신선한 딸기가 올라간 스트로베리 와플, 훈제 돼지고기에

달걀 샐러드가 들어간 샌드위치가 가장 인기 가 많다. 매일 한정으로 판매하는 더치커피 는 매일 10시간에 걸쳐 내리는데 진한 커피 향이 매력적이다.

타이베이에서 가장 유명한 토스트 전문점

다즐링 카페 DAZZLING café

주소 台北市大安區忠孝東路 4段 205巷 7弄 11號 **위치** MRT 중샤오둔화(忠孝敦化)역 2번 출구에서 좌회전 후 첫 번째 사거리 골목에서 우회전 뒤 직진해서 왼편(도보 10분) **시간** 12:00~21:00(일~금), 11:30~21:00(토, 일) **가격** NT$240~(허니 브레드), NT$120~(커피) *SC 10% **홈페이지** www.dazzlingdazzling.com **전화** 02-8773-9238

타이베이에서 가장 유명한 허니 토스트 전문점인 다즐링 카페는 시그니처인 파스텔 톤 핑크색으로 꾸며진 귀엽고 깜찍한 인테리어에 앞치마를 두른 메이드 복장의 직원들로 제대로 여심을 사로잡는 곳이다. 따뜻한 토스트 위에 달콤한 생크림과 아이스크림, 과일 등 토핑이 어울려 화려하게 장식된 허니 토스트는 그야말로 먹기 아까운 비주얼을 자랑한다. 토스트가 나오면 직원이 직접 친절하게 잘라주는데 그 안에 토스트 조각들로 가득 채워져 있다. 디저트 외에도 식사가 가능하다.

동화 속 소인국에 온 듯 정교한 미니어처 박물관

미니어처 박물관 Miniatures Museum of Taiwan 袖珍博物館 [시우전보우관]

주소 台北市中山區建國北路 1段 96號 **위치** MRT 쏭쟝난징(松江南京)역 4번 출구에서 직진 후 왼쪽 두 번째 골목으로 들어가서 직진하다 고가 도로가 나오면 오른쪽으로 꺾어서 오른편(도보 10분) **시간** 10:00~18:00 **휴관** 월요일 **요금** NT$200(성인) **홈페이지** www.mmot.com.tw **전화** 02-2515-0583

1997년 설립된 미니어처 박물관은 전 세계 각지에서 수집해 온 미니어처 작품들이 전시돼 있는 아시아 최초의 미니어처 박물관이다. 마치 동화 속으로 통하는 듯한 입구를 통해 들어가면 인형의 집부터, 중세 시대 유럽 마을, 버킹엄 궁전, 베르사유 궁전 등 정교하게 만들어진 미니어처들이 전시돼 있어 걸리버 소인국에 온 듯한 느낌을 준다. 사진 촬영이 가능하며 출구에는 다양한 미니어처를 판매하는 기념품 숍도 있다.

신이
XINYI

타이완에서 가장 높은 빌딩인 타이베이 101 빌딩이 우뚝 서 있는 신이 지역은 타이베이 시의 정치, 금융, 상업, 여행의 중심지로 타이베이의 맨해튼이라고 불리며 글로벌한 분위기가 느껴지는 지역이다. 101 빌딩 쇼핑센터부터 럭셔리한 벨라비타와 브리즈 센터, 신광 미쓰코시 백화점, 앳 포 펀 등 대형 쇼핑몰이 밀집돼 있어 가장 번화한 상권이자 쇼핑하기에 최고의 환경을 자랑한다. 밤이 되면 화려하고 눈부신 야경을 감상하며 고급 호텔의 라운지와 클럽에서 나이트 라이프를 즐기는 젊은이들이 모여 들어 낮과는 다른 반전 있는 모습을 선보인다.

MRT 출구와 연결된 관광지

타이베이 최대의 쇼핑 지역답게 스정푸역과 타이베이 101 빌딩 사이에 밀집돼 있으며 각 쇼핑몰마다 다양한 맛집들이 모여 있다. 쇼핑몰들 간에 스카이워크로 이어져 있어 이동하기 편리하다.

스정푸市政府역
1번 송산문창원구, 우바오춘 베이커리
3번 신광 미쓰코시 백화점, 브리즈 센터
4번 앳 포 펀

타이베이 101 스마오台北101辦公역
2번 쓰쓰난춘
4번 타이베이 101 빌딩, 앳 포 펀

143

신이

난징싼민역
南京三民站

무지개 다리
彩虹橋

복주세조호초병
福州世祖胡椒餅
송포자
松包子
일약 본포
日藥本舖

쏭산역
松山站

라오허제 관광 야시장
饒河街觀 光夜市

쏭산 기차역
松山車站

장생곡립
掌生穀粒

청견행복
聽見幸福 musikaffee

에스라이트 호텔
Eslite Hotel

성품생활 송어점
誠品生活松菸店

송산문창원구
松山文創園區

드립 카페
Drip Cafe

송언소매소
松菸小賣所

낙천황조
樂天皇朝

챔피언 비프 누들
晶華冠軍牛肉麵坊

스미스 앤 슈
Smith & Hsu

딤딤섬
點點心

W 타이베이
W Taipei

시정부
버스 터미널

시정부역
市政府站

브리즈센터 신이
Breeze Center Xinyi

국립 국부 기념관
國立國父紀念館

성품서점
誠品書店

벨라비타
Bellavita

신광 미쓰코시 백화점_신이신톈지점 A4
新光三越 信義新天地 A4

신광 미쓰코시 백화점_신이신톈지점 A8
新光三越 信義新天地 A8

브리즈 센터_송가오점
Breeze Song Gao

타이베이 탐색관
台北探索館

신광 미쓰코시 백화점_신이신톈지점 A11
新光三越 信義新天地 A11

춘수당
春水堂

그랜드 하얏트
Grand Hyatt

앳 포 펀
ATT 4 FUN

타이베이 101 빌딩
台北 101

스타벅스
Starbucks

슈가 앤 스파이스
Sugar & Spice

타이베이 101 스마오역
台北101世貿站

지미의 달 버스
幾米月亮公車

상산역
象山站

쓰쓰난춘
四四南村

굿초
Good Cho's

상산
象山

신이 일대 BEST COURSE

국부기념관

성품서점 ●　● 신광 미쓰코시 백화점 A4

● 신광 미쓰코시 백화점 A8

신광 미쓰코시 백화점 A9 ●　● 신광 미쓰코시 백화점 A11

앳 포 펀

● 슈가 앤 스파이스
in 타이베이 101 빌딩

대중적인 코스

신이 지역의 대표 랜드마크들을 둘러보는 코스로 천천히 쇼핑을 즐긴 후 해 질 무렵 타이베이 101 빌딩 전망대를 방문해 야경을 감상해 보자.

| 도보 10분···· | | 도보 5분···· |
국립 국부 기념관　　　　신광 미쓰코시 백화점　　　　　성품서점

슈가 앤 스파이스　　타이베이 101 빌딩　　　앳 포 펀

····도보 2분　····도보 5분　····도보 5분

타이완 국부 쑨원의 탄생 100주년을 기념하기 위해 세운 곳

국립 국부 기념관 國立國父紀念館 [궈리궈푸지니엔관]

주소 台北市信義區仁愛路 4段 505號 **위치** MRT 궈푸지니엔관(國父紀念館)역 4번 출구에서 도보 3분 **시간** 9:00~18:00 / 실외 공간 24시간 개방 **홈페이지** www.yatsen.gov.tw **전화** 02-2758-8008

1911년 중국 민주주의 혁명인 신해혁명을 일으켜 중화민국을 수립한 타이완의 국부 쑨원(1866~1925)의 탄생 100주년을 기념하기 위해 설립된 국립 국부 기념관은 약 10만 평의 부지에 노란색 지붕과 상상의 새 대붕이 날개를 펼치는 듯한 모습을 형상화해 지어졌다. 기념관 안으로 들어가면 웅장한 쑨원 선생의 대형 동상과 함께 직접 사용했던 물품들이 전시돼 있다. 2,500석 규모의 넓은 홀에서는 타이완 최고의 영화제인 금마상 같은 각종 시상식이 열리기도 한다.

타이베이를 대표하는 복합 문화 예술 단지

송산문창원구 松山文創園區 [쑹산원촹위안취]

주소 台北市信義區光復南路 133號 **위치** MRT 스정푸(市政府)역 1번 출구에서 걷다가 오른쪽(도보 7분) **시간** 9:00~18:00(실외 24시간 개방) **홈페이지** www.songshanculturalpark.org **전화** 02-2765-1388

1973년에 건설된 타이완 최초의 담배 공장이었던 송산문창원구는 1998년 생산이 중단되고 2001년 타이베이 시 정부에서 문화 프로젝트 일환으로 화산 1914와 함께 새롭게 조성된 타이베이를 대표하는 복합 문화 예술 단지 공간이다. 크고 작은 갤러리는 물론 디자인 소품점과 레스토랑, 카페들이 입점해 있으며 아직 공장의 흔적이 남아 있는 건물들과 생태 연못, 공원 등 휴식 공간도 마련돼 있어 바쁜 도심 속 시민들에게 휴식처로도 사랑받고 있다.

송언소매소 松菸小賣所 [쑹옌샤오마이쉬]

주소 台北市信義區光復南路 133號 **위치** 송산문창원구 안 **시간** 10:00~18:00 **홈페이지** www.songshanculturalpark.org **전화** 02-2765-1388

현지 문화 예술을 사랑하는 브랜드들이 모여 있는 갤러리로 송산문창원구 안에 위치해 있다. 옛 담배 공장의 흔적을 고스란히 긴직히고 있는 실내에는 각 브랜드별로 개성 넘치는 디자인과 타이완을 주제로 양말, 에코 백, 엽서 등 아기자기한 제품들로 가득하다. 가장 안쪽에는 빈티지 가구들로 장식해 클래식한 분위기의 카페가 자리 잡고 있어 잠시 쉬어 가기 좋다.

세계에서 가장 멋있는 백화점으로 선정된 곳

성품생활 _송어점 誠品生活松菸店 [청핀성훠 쑹엔디엔]

주소 台北市信義區菸廠路 88號 **위치** MRT 스정푸(市政府)역 1번 출구에서 걷다가 오른쪽(도보 7분) **시간** 11:00~22:00 **홈페이지** artevent.eslite.com **전화** 02-6636-5888

송산문창원구 옆에 2013년에 지어진 성품생활송어점은 CNN에서 '세계에서 가장 멋있는 백화점'으로 선정된 곳이다. 지하 2층부터 3층까지 단순한 백화점이 아니라 쇼핑에 관광, 문화, 예술 등을 결합한 인테리어로 꾸며져 다양한 놀 거리와 볼거리로 가득하다. 성품서점은 물론 아이디어 제품을 판매하는 브랜드들이 입점해 있으며 지하에는 푸드 코트가 들어서 있어 맛있게 한 끼 식사를 해결할 수 있다.

청견행복 聽見幸福 musikaffee [팅지엔싱푸 카페]

위치 성품생활 송어점 2층 **시간** 11:00~22:00 **가격** NT$160(아메리카노) **홈페이지** www.facebook.com/musikaffee **전화** 02-6636-5888 #1610

둥취에 본점이 있는 우드 오르골 전문점인 '청견행복'이 처음으로 문을 연 카페다. 모던하게 꾸며진 내부에는 귀여운 우드 오르골과 독일에서 수입해 온 다양한 스노 볼 오르골이 전시돼 있다. 무엇보다 테이블에서 타이완 차, 커피, 음료와 디저트 등을 주문하면 아주 특별한 트레이를 만날 수 있는데 깜찍한 미니 하트와 책장 모양의 오르골이 함께 있다. 맑고 청아한 오르골의 음악을 들으면서 차 한잔의 여유를 느끼고 싶을 때 찾아가면 좋은 곳이다.

장생곡립 掌生穀粒 [장성구리]

위치 성품생활 송어점 3층 **시간** 11:00~22:00 **홈페이지** www.greeninhand.com **전화** 02-6636-5888

농작물의 가치를 보다 많은 사람에게 알리기 위해 설립된 매장이다. 타이완 전역에서 농부들이 직접 생산한 지역 특산품을 한곳에서 만나 볼 수 있다. 벽면 가득 진열돼 있는 각 지역의 특산품과 재료들을 전시해 놓고 있으며, 안쪽에서는 차도 따로 판매하고 있으니 차를 마시며 쉬어 가기도 좋다.

명실상부한 타이베이의 랜드마크

타이베이 101 빌딩 台北 101 [타이베이야오링야오]

주소 台北市信義區信義路 5段 7號 **위치** MRT 타이베이 101 스마오(台北101世貿)역에서 도보 1분 **시간** 9:00~22:00(전망대 입장권은 21:15까지 판매, 전망대는 9시 이후 30분 간격으로 입장) **가격** NT$600(전망대 매표소: 101 빌딩 5층) **홈페이지** www.taipei-101.com.tw **전화** 02-8101-7777

타이베이 시내 어디에서도 쉽게 찾을 수 있는 타이베이 101 빌딩은 명실상부한 타이베이의 랜드마크다. 원래 명칭은 타이베이 국제 금융 센터지만 관광객들에게는 101 빌딩으로 더 많이 알려져 있다. 지하 5층부터 지상 101층까지 총 508m에 달하는 높이의 101 빌딩은 총 8층씩 8등분 되어 있는데, 이는 숫자 '8'이 '돈을 벌다'라는 뜻의 한자 '發'와 발음이 비슷하기 때문이다. 지하 1층에서부터 5층까지는 세계 각국의 다양한 음식을 맛볼 수 있는 식당가와 레스토랑, 상점들과 명품 브랜드 매장이 한자리에 모여 있는 고급 쇼핑몰이 자리 잡고 있다. 89층에 있는 실내 전망대로 올라가는 전용 엘리베이터는 1분당 1,010m의 속도로 5층부터 89층까지 약 40초 만에 도달한다. 전망대에 도착하면 타이베이 시내의 도심 풍경을 360도로 감상할 수 있다.

스타벅스 STARBUCKS

위치 타이베이 101 빌딩 35층 **시간** 7:30~20:00(월~금), 9:00~19:00(토, 일) **가격** NT95(아메리카노),
NT$250(1인최소주문 금액) **전화** 02-8101-0701

타이베이 101 빌딩 가장 높은 곳에 위치한 스타벅스는 이제 많이 알려져 방문하기 가장 어려운 매장이 됐다. 하지만 이 곳은 85층에 비하면 비교적 낮지만 저렴한 가격으로 타이베이 시내

와 야경을 감상할 수 있어 인기가 많은 곳이다. 제한된 공간에 많은 방문객이 찾기 때문에 창가 자리는 그야말로 하늘의 별 따기 수준이고 1인당 NT$250의 최소 주문 금액과 90분의 체류 시간이 정해져 있다.

> **TIP 예약 방법**
> 최소 1일, 최대 일주일 전 02-8101-0701로 전화 후 원하는 날짜와 시간, 여권, 영문 이름을 말해주면 8자리 예약 번호를 알려 주는데 이를 메모해 놓자. 방문 당일 LOVE 조형물 옆 오피스동 건물로 들어가서 스타벅스 직원이 내려오면 8자리 예약 번호와 여권, 영문 이름 확인 후 함께 올라가면 된다. 짧은 반바지나 슬리퍼는 입장이 제한되니 주의하자.

슈가 앤 스파이스 SUGAR & SPICE 糖村 [탕춘]

위치 타이베이 101 빌딩 지하 **시간** 11:00~21:30 **가격** NT$250~〈일반 누가 사탕[法式牛軋糖]〉 **홈페이지**
www.sugar.com.tw **전화** 02-8101-7758

타이베이의 대표 누가 사탕 브랜드로 자꾸만 손이 가는 중독적인 맛의 누가 사탕을 만나 볼 수 있다. 달콤한 누가에 고소한 아몬드가 담긴 슈가 앤 스파이스의 누가 사탕은 기계가 아닌 수작업으로 하나하나 직접 만들기 때문에 다른 곳과 비교하면 확실히 그 부드러움이 다른 것을 느낄 수 있다. 가격은 조금 비싼 편이지만 선물용으로 인기가 많다. 프랑스식 누가 사탕 외에도 커피 맛과 딸기 맛도, 최근에는 녹차 맛도 출시했으며 펑리수, 태양병도 판매하고 있다.

낡은 촌락에서 문화 전시 공간으로 변모한 곳

쓰쓰난춘 四四南村

주소 台北市信義區松勤街 50號 **위치** MRT 타이베이 101 스마오(台北101世貿)역 2번 출구에서 첫 번째 사거리에서 좌회전 후 직진(도보 5분) **시간** 9:00~16:00(화~일) **휴관** 월요일 **전화** 02-2723-7937

타이베이 101 빌딩 건너편 신이공민회관信 義公民會館 안에 위치한 쓰쓰난춘은 군인들이 생활하던 촌락이었다. 세월이 흐르고 타이베이 시에서는 낙후한 이 지역을 철거하려 했으나 지역 주민들과 시민들의 힘으로 2003년 낡은 촌락에서 이름을 문화 전시 공간으로 변모했다. 화려한 도심 속에서도 세월의 흔적을 간직하고 있는 쓰쓰난춘은 시민들과 관광객들을 위한 문화 전시 공간으로 활용되고 있으며 주민들을 위한 마을 회관도 자리 잡고 있다. 중앙의 작은 공터에서는 주말이면 '심플 마켓'이라는 색다른 심플 마켓이 열린다.

굿초 GOOD CHO'S 好丘 [하오치우]

주소 台北市信義區松勤街 54號 **위치** 쓰쓰난춘 안 **시간** 10:00~20:00(월~금), 9:00~18:30(토, 일) **휴무** 매월 첫째 주 월요일 **홈페이지** www.goodchos.com.tw **전화** 02-2758-2609

쓰쓰난춘 C동에 위치한 타이완의 특색이 가득한 디자인 숍이다. 곳곳에 아날로그 감성을 불러일으키는 인테리어로 꾸며진 매장에는 말린 과일, 차 같은 지역 특산품부터 엽서, 수공예품, 아기자기한 잡화들까지 총 250여 가지 제품이 예쁘게 포장돼 있어 구매 욕구를 불러일으킨다.

매장 안쪽에는 타이베이에서 제일 맛있는 베이글집으로 소문난 카페에서 20여 종의 다양한 베이글을 판매하고 있다.

타이완의 유명 일러스트 작가의 작품을 만날 수 있는 곳

지미의 달 버스 幾米月亮公車 [지미웨량궁처]

주소 台北市信義區信義路 5段 100號 **위치** MRT 타이베이 101 스마오(台北101世貿)역에서 도보 5분 **시간** 9:00~12:00(월), 9:00~21:00(화~일) **휴무** 매월 첫째 주 월요일 오후

지미의 달 버스는 타이완의 유명한 일러스트 작가 지미 랴오(Jimmy Liao)의 작품 〈월량망기료月亮忘記了〉속 주인공인 지미를 만나 볼 수 있는 설치 예술 작품이다. '잊혀짐遺忘'에서 '기억記住' 정거장까지 운행하는 낭만적인

100번 버스에 올라타면 귀여운 곰 기사님과 달을 품고 있는 지미 그리고 형형색색의 전구들이 동화 속 분위기를 그대로 재현해 준다. 사람이 많을 경우 10분마다 15명씩 관람 제한이 있다.

타이베이 최신 트렌드를 만나 보는 곳

앳 포 펀 ATT 4 FUN

주소 台北市信義區松壽路 12號 **위치** MRT 스정푸(市政府)역 4번 출구에서 도보 10분 **시간** 11:00~22:00 (일~목), 11:00~23:00(금, 토) **홈페이지** www.att4fun.com.tw **전화** 0800-065-888

'Fashion, Creative, Food, Recreation' 이라는 주제를 내세운 앳 포 펀은 신이 지역에서 젊은이들에게 만남의 광장 같은 쇼핑몰이다. 10, 20대를 타깃으로 한 다양한 패션 브랜드들이 입점해 있으며 5, 6층에는 소문

난 레스토랑을 비롯해 4층에는 여성들이 좋아하는 디저트 전문 푸드 코트인 첨밀왕국, 대만 연예인들도 즐겨 찾는 빙과첨심이 있어 타이베이 젊은이들의 발길이 끊이질 않는다.

타이베이의 야경이 한눈에 펼쳐지는 곳

상산 象山 [샹산]

주소 台北市信義區象山 **위치** MRT 상산(象山)역 2번 출구에서 친산부다오(親山步道) 표지판을 따라 올라가면 바로(도보 30분) **시간** 24시간

타이베이 101 빌딩과 도시의 야경을 가장 아름답게 감상할 수 있는 곳이 바로 이곳 상산이다. MRT 상산역에서 도보로 15분 정도 걸어가면 트레킹 코스 표지판이 나오는데 이곳을 따라 올라가면 사진이나 엽서 속에서 자주 보던 뷰 포인트가 나온다. 트레킹 코스의 계단들이 꽤 가파르기 때문에 조금 힘들 수도 있지만 사방이 탁 트인 곳에서 아름다운 타이베이 전경을 바라보면 순식간에 피곤함이 싹 사라질 정도다. 반짝반짝 빛나는 도시의 야경도 아름답지만 붉은 노을이 지며 보랏빛으로 점차 물드는 모습 또한 매우 낭만적이다. 평일은 물론 주말에 항상 데이트를 즐기려는 연인들과 출사 나온 사람들로 가득 차며 12월 31일에는 불꽃놀이를 감상하려는 사람들로 발 디딜 틈이 없다.

타이베이 과거, 현재, 미래를 한꺼번에 볼 수 있는 곳

타이베이 탐색관 Discovery Center Of Taipei 台北探索館 [타이베이탄쒀관]

주소 台北市信義區市府路 1號 **위치** MRT 스정푸(市政府)역에서 도보 7분 **시간** 9:00~17:00(화~일) **휴관** 월요일, 국가 지정일 **홈페이지** discovery.gov.taipei **전화** 02-2720-8889

타이베이의 변천사가 궁금하다면 타이베이 탐색관으로 가 보자. 시청에 위치한 타이베이 탐색관은 타이베이를 주제로 한 박물관으로, 타이베이의 역사와 문화를 테마로 한 다양한 사진, 영상, 미니어처와 같은 시각 자료가 전시돼 있다. 타이베이의 과거와 현재, 미래를 쉽게 이해할 수 있어 시민들뿐만 아니라 견학 장소로서 학생들에게도 인기가 많다.

다양한 소비자층을 만족시키는 대표 백화점

신광 미쓰코시 백화점 _신이신텐지점

新光三越 信義新天地 [신광싼웨 신이신티엔디]

주소 台北市信義區松高路 19號 **위치** MRT 스정푸(市政府)역 3번 출구에서 도보 5분 **시간** 11:00~21:30 **홈페이지** www.skm.com.tw **전화** 02-8789-5599

타이베이의 대표 쇼핑 지역인 신이 구역에 무려 4개의 미쓰코시 백화점이 들어서 있는데 도로를 사이에 두고 구름다리를 통해 이어진 이 지역을 '신이신텐지'라고 부른다. 다양한 층의 소비자들을 만족시키기 위해 각 관마다 다른 콘셉트의 매장이 들어서 있다. A4관에는 까르띠에, 프라다 같은 명품 매장, A8관에는 홈 리빙 관련 매장이 들어서 있어 취향대로 쇼핑을 즐길 수 있다.

신이 지역에서 가장 큰 규모의 의류 매장

브리즈 센터 _송가오점 Breeze SONG GAO 微風松高 [웨이펑쑹가오]

주소 台北市松山區復興南路1段39號 **위치** MRT 스정푸(市政府)역 3번 출구에서 도보 7분 **시간** 11:00~21:30(일~수), 11:00~22:00(목~토) **홈페이지** www.breezecenter.com **전화** 02-6636-9959

신이 지역에 진출한 첫 번째 브리즈 센터로 2014년 문을 열었다. 총 6층 높이에 14만 평에 달하는 브리즈 센터 송가오점에는 160여 개의 브랜드 매장이 들어서 있는데 그중 하이라이트는 2015년 들어온 H&M으로 타이완에 오픈한 첫 번째 스토어이자 신이 지역 의류 매장 중에서 가장 큰 규모를 자랑한다. 2층에는 서양 스타일의 푸드 코트가 들어서 있으며 1층에는 망고빙수 맛집 아이스몬스터가 새롭게 오픈했다.

책을 사랑하는 타이베이 시민들을 위해 문을 연 서점

성품서점 誠品書店 [청핀슈디엔]

주소 台北市信義區松高路 11號 **위치** MRT 스정푸(市政府)역 지하도를 따라 이동(도보 5분) **시간** 10:00~24
:00 **홈페이지** www.esliteliving.com **전화** 02-8789-3388

타이완 현지 브랜드의 성품서점은 책을 사랑하는 타이베이 시민들을 위해 1989년 처음 문을 연 서점이다. 책을 좋아하는 사람들에게는 그야말로 천국과 같은 곳으로, 실내는 방문객들이 언제라도 찾아와 편안하게 책을 읽을 수 있도록 밝고 쾌적하면서 동시에 따뜻한 느낌의 색감들로 꾸며져 있다. 서적 이외에도 음반, DVD도 구매할 수 있으며 서점에서 판매하는 기념품 중 DIY로 제작하는 오르골은 한국 관광객들 사이에서 인기가 많다. 서적뿐만 아니라 인문, 예술, 생활과 관련된 분야의 전시회도 만나 볼 수 있다.

신이 지역에서 가장 럭셔리한 쇼핑몰

벨라비타 BELLAVITA

주소 台北市信義區松仁路 28號 **위치** MRT 스정푸(市政府)역 3번 출구에서 직진하다 쑹런루(松仁路)를 따라
오른쪽으로 꺾어서 앞으로 가면 바로(도보 7분) **시간** 10:30~22:00 **홈페이지** www.bellavita.com.tw **전화**
02-8729-2771

유럽풍의 중후하면서 고급스러운 모습을 자랑하는 벨라비타는 신이 지역에서 가장 럭셔리한 쇼핑몰로 손꼽힌다. 1층부터 3층까지 에르메스, 티파니 등의 세계적인 명품 매장들이 다수 입점해 있으며 4층에는 고급 레스토랑과 베이커리가 들어서 있는데 확실히 다른 곳에 비해 비싼 편이다.

동서양이 조화를 이루는 다예관
스미스 앤 슈 smith & hsu

주소 台北市信義區忠孝東路 5段 8號統一時代百貨 6樓 **위치** MRT 스정푸(市政府)역 2번 출구 퉁이스다이(統一時代) 6층(도보 5분) **시간** 11:00~21:30(일~목), 11:00~22:00(금, 토) **가격** NT$200~(티), NT$1330 (애프터눈 티 세트), NT$175(스콘) *1인 최소 주문 금액 NT$400 **홈페이지** www.smithandhsu.com **전화** 02-8786-2877

스미스 앤 슈는 영국과 타이완을 상징하는 각 성(姓)에서 이름을 가져와 동서양의 조화를 의미하고 있는 모던한 스타일의 다예관이다. 은은한 조명에 심플하면서 우아한 내부 인테리어에 다양한 종류의 최상급 차가 진열돼 있는데, 40여 개의 샘플로 향을 직접 맡아 보고 구매할 수 있다. 그리고 차와 함께 즐길 수 있는 애프터눈 티 세트와 고소한 스콘, 달콤한 케이크가 준비돼 있어 여유롭게 차와 티타임을 즐길 수 있다.

다양하게 즐기는 8색 샤오롱바오
낙천황조 Paradise Dynasty 樂天皇朝 [러티엔황차오]

주소 台北市信義區忠孝東路 5段 68號 **위치** MRT 스정푸(市政府)역 3번 출구 브리즈 센터 신이점 4층 **시간** 11:00~21:30 **가격** NT$340(8색 샤오롱바오[特色皇朝小籠包(八色)]) **홈페이지** www.paradisegp.com **전화** 02-2722-6545

인기 많은 맛집들이 모여 있는 브리즈 센터 신이점에서 가장 인기가 많은 곳이다. 시그니처 메뉴인 8색 샤오롱바오는 오리지널부터 치즈, 마라, 마늘, 인삼, 꽃게알, 블랙 트러플, 푸아그라까지 여덟 가지 맛의 육즙이 가득한 샤오롱바오를 동시에 맛볼 수 있다. 친절하게도 먹는 순서가 적힌 설명서까지 함께 주며 각기 단품으로도 주문이 가능하다. 색다른 샤오롱바오를 맛보고 싶다면 방문해 보자. 예약을 따로 받지 않기 때문에 식사 시간에 간다면 웨이팅은 필수다.

CNN에서 가장 맛있는 우육면으로 선정된 곳

챔피언 비프 누들 晶華冠軍牛肉麵坊 [징화관쥔니우러우미엔팡]

주소 台北市信義區忠孝東路5段68號 **위치** MRT 스정푸(市政府)역 3번 출구 브리즈 센터 신이점 4층 **시간** 11 :00~21:30(일~수), 11:00~22:00(목~토) **가격** NT$320(관쥔칭둔니우러우미엔[冠軍清燉牛肉麵]), NT$380(징화싼쥔왕니우러우미엔[晶華三冠王牛肉麵]) **홈페이지** www.regenttaipei.com **전화** 02-87 86-8799

타이완의 리젠트 호텔에서 런칭한 식품 브랜드로 〈타이베이 우육면〉 대회에서 우승한 경력이 있으며, CNN에서 타이베이에서 가장 맛있는 우육면집 중 한 곳으로 선정됐으니 정도로 맛집이다. 대표 메뉴인 관쥔칭둔니우러우미엔冠軍清燉牛肉麵은 소 뼈와 사태, 쪽파,

양파를 각각 달이고 볶은 후 솥에 3시간 정도 삶은 후 물로 기름기를 씻어 낸 탕으로 담백한 맛이 일품이다. 홍샤오탕에 청경채와 반숙 달걀, 유탸오가 올라간 징화싼쥔왕니우러우미엔晶華三冠王牛肉麵도 인기가 많다.

딤섬을 좋아하는 사람이라면 꼭 들러야 할 곳

딤딤섬 DIMDIMSUM 點點心 [디엔디엔신]

주소 台北市信義區忠孝東路五段68號 **위치** MRT 스정푸(市政府)역 3번 출구 브리즈 센터 신이점 지하 푸드 코트(도보 2분) **시간** 11:00~21:30(일~수), 11:00~22:00(목~토) **가격** NT$138(크리스탈 새우 딤섬[晶瑩鮮蝦餃]), NT$118(돼지 딤섬[豬仔流沙包]) **홈페이지** www.facebook.com/dimdimsumtw **전화** 02-2345-0509

홍콩에서 건너온 캐주얼한 딤섬 레스토랑으로 착한 가격과 맛으로 부담 없이 딤섬을 맛볼 수 있는 곳이다. 대표 메뉴는 크리스탈 새우 딤섬과 샤오마이로 딤섬을 좋아하는 사람이라면 호불호 없이 즐길 수 있다. 젓가락으로 꾹 누르면 부드러운 달걀 노른자 크림이 마치 콧물처럼 흘러내리는 일명 돼지 딤섬과 귀여운 당근 모양의 딤섬은 폭신폭신하고 달콤해 디저트처럼 먹기 좋다. 비교적 단맛의 딤섬 종류가 많기 때문에 단맛과 짠맛의 조화를 잘 맞춰서 주문하는 것이 포인트다. 회전율이 빨라서 생각보다 많이 기다리진 않아도 된다.

무엇을 먹을지 고민이 될 정도로 먹거리 가득한 야시장

라오허제 관광 야시장 饒河街觀光夜市 [라오허제관광예스]

주소 台北市松山區饒河街 **위치** MRT 쑹산(松山)역 1, 2번 출구에서 도보 2분 **시간** 17:00~24:00

쑹산역에 위치한 라오허제 관광 야시장은 타이베이에서 스린 야시장 다음으로 큰 관광 야시장이다. 일직선으로 길게 뻗은 야시장은 길 양옆뿐만 아니라 중앙에도 각종 포장마차들이 펼쳐져 있어 그야말로 먹거리 천국인 곳이다. 라오허제 관광 야시장의 명물인 후쟈오빙부터 다른 지역의 샤오츠인 닭날개볶음밥, 굴전 등 맛있는 간식들을 보고 있으면 무엇을 먹어야 할지 행복한 고민에 빠지게

된다. 예전에는 교통편이 불편해서 관광객들보다는 대부분 현지인들이 즐겨 찾던 곳이었으나 MRT 노선이 생기면서 관광객들도 쉽게 찾아갈 수 있어 주말이면 발 디딜 틈이 없을 정도로 인산인해를 이룬다.

송포자 松包子 [쏭바오즈]

주소 台北市松山區八德路4段687號 **위치** MRT 쏭산(松山)역 1번 출구에서 도보 3분 **시간** 8:00~22:00 **가격** NT$30(1개) **홈페이지** www.facebook.com/OS27648802 **전화** 02-2764-8802

라오허제 관광 야시장 부근에 위치한 바오즈 전문점이다. 부드러우면서 촉촉한 바오즈에 고기로 속을 채운 고기 맛과 황금색의 진한 육즙이 가득한 카레맛, 고소한 치즈 맛, 달콤하면서도 촉촉한 커스터드 크림 맛, 토란으로 속을 채운 토란 맛 총 다섯 가지의 바오즈를 판매하는데 이중 슈크림과 카레 맛이 가장 인기가 좋다. 가격은 개당 NT$30으로 저렴할 뿐 아니라 성인 주먹만한 크기를 자랑한다.

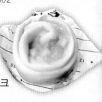

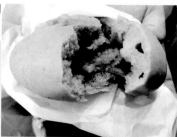

복주세조호초병 福州世祖胡椒餅 [푸저우스주후쟈오빙]

주소 台北市松山區饒河街 249號 **위치** 라오허제 관광 야시장 초입 **시간** 17:00~25:00 **가격** NT$50 **전화** 02-2746-9627

라오허제 관광 야시장 초입에는 항상 복주세조호초병에서 후쟈오빙을 사려는 사람들의 줄이 길다. 후쟈오빙은 일명 후추빵으로 밀가루로 두껍게 반죽한 만두피 안에 후추, 파, 돼지고기를 푸짐하게 채운 후 난로 같은 솥 안에 넣어 굽는 음식이다. 화덕에 굽기 때문에 다른 만두에 비해 겉이 더욱 바삭바삭한 것이 특징이다. 한 입

베어 물면 고소한 육즙이 흘러나오는데 뜨겁기 때문에 살짝 식혀 먹는 것이 좋다.

스린
SHILIN
TAIPEI

타이베이 시내 북쪽의 위안산圓山, 젠탄劍潭, 스린士林 지역 일대에는 국립 고궁 박물원, 충렬사, 스린 관저 공원, 타이베이 시 공묘와 같이 타이완의 역사와 문화유산의 흔적을 간직한 관광지와 타이베이 시립 미술관, 타이베이 이야기관, 미라마 엔터테인먼트 파크에 스린 야시장까지 다양한 볼거리와 즐길 거리가 가득해 타이베이를 찾는 관광객이라면 꼭 방문하는 지역이다.

MRT 출구와 연결된 관광지

국립 고궁 박물원과 스린 야시장은 스린 지역의 핵심 관광지로, 이 두 곳을 중심으로 스케줄을 계획하는 것이 좋다. 스린 야시장에서 미식 거리를 중심으로 둘러볼 계획이라면 젠탄역에서 내려 이동하는 것이 가까우며, 쇼핑 거리부터 천천히 둘러볼 계획이라면 스린역에서 걸어 내려오면서 구경하는 것이 좋다.

스린士林역 : **1번** 국립 고궁 박물원
위안산圓山역 : **1번** 마지 마지, 타이베이 시립 미술관, 타이베이 이야기관
          2번 타이베이 시 공묘
젠탄劍潭역 : **1번** 스린 야시장, 미라마 엔터테인먼트 파크, 더 탑

스린

더 탑
The Top

타이베이 시립 전문 과학 교육관
台北市立天文科學教育館

이지성
一之軒

왓슨스
Watsons

산돈
山丼

할로윈
Halloween

스린역
士林站

스린 관저 공원
士林官邸公園

스린 야시장
쇼핑 거리

국립 고궁 박물원
國立故宮博物院

지선원
至善園

순익 원주민 박물관
順益原住民博物館

스무시
思慕昔

스타벅스
Starbucks

스린 야시장
士林夜市

코스메드
Cosmed

왕자 치즈 감자
王子起司馬鈴薯

젠탄역
劍潭站

미라마 엔터테인먼트 파크 →
Miramar Entertainment Park

충렬사
忠烈祠

그랜드 호텔
Grand Hotel

타이베이 이야기관
Taipei Story House

타이베이 시 공묘
台北市孔廟

타이베이 시립 미술관
台北市立美術館

위안산역
圓山站

화보 공원
花博公園

마지 마지
MAJI²

스린 일대 BEST COURSE

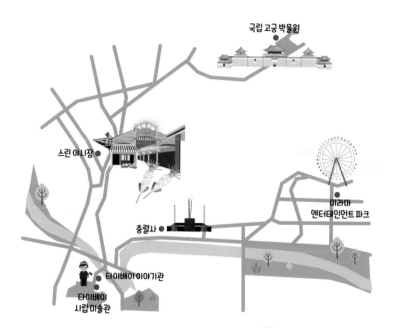

국립 고궁 박물원

스린 야시장

미라마
엔터테인먼트 파크

충렬사

타이베이 이야기관

타이베이
시립 미술관

대중적인 코스

타이베이 여행의 핵심 관광지라 할 수 있는 국립 고궁 박물원
과 스린 야시장을 둘러보는 코스로 문화, 예술, 식도락에 아름
다운 타이베이 야경까지 감상해 보자.

타이베이
시립 미술관

도보 1분 →

타이베이 이야기관

택시 5분 →

충렬사

미라마
엔터테인먼트 파크

← 버스 20분

스린 야시장

← 버스 10분+도보 5분

국립 고궁 박물관

← 버스 20분

세계 4대 박물관 중 하나
국립 고궁 박물원 國立故宮博物院 [궈리구궁보우위안]

주소 台北市士林區至善路 2段 221號 **위치** MRT 스린(士林)역에서 1번 출구로 나가 버스 정류장에서 255번, 304번, 815번 버스 타고 구궁보우위안(故宮博物院) 정류장 하차 **시간** 8:30~18:30(야간 개장은 금요일, 토요일 18:30~21:00) **요금** NT$350, NT$150(오디오) **홈페이지** www.npm.gov.tw **전화** 02-2881-2021

세계 4대 박물관 중 한 곳인 국립 고궁 박물원은 타이완 여행에서 반드시 들러야 할 명소로 손꼽힌다. 베이징 고궁의 건축 양식에 옅은 녹색 기와와 황색이 어우러진 본관은 약 69만 점을 소장하고 있으며, 중국 송나라, 원나라, 명나라, 청나라, 고대 네 왕조에 걸친 국보급 황실 유물부터 민간 물품과 미술품까지, 중국 5천 년의 역사를 바다 건너 타이완에서 만나 볼 수 있다. 소장품이 실로 엄청나서 대표적인 품목들은 상설 전시관에서 항상 관람이 가능하나 다른 소장품들은 시기별로 교체해서 전시를 하고 있다. 규모가 엄청 크다 보니 계획 없이 둘러보다 보면 어느새 시간이 훌

쩍 지나가 버리기 때문에 관심 있는 분야와 소장품들을 미리 체크하는 것이 중요하다. 여유롭게 둘러보고 싶다면 오전과 야간 개방 시간에 둘러보는 것이 좋으며, 소장품과 관련해서 자세한 설명을 듣고 싶으면 오디오 안내 서비스를 이용해 보자. 또한 최근에는 박물원 내에서 사진 촬영이 가능해졌으니 참고하자.

국립 고궁 박물원 옆에 있는 중국 전통식 정원

지선원 至善園 [즈산위안]

주소 台北市士林區至善路 2段　**위치** 국립 고궁 박물원 입구 오른쪽　**시간** 8:30~18:30(4~10월), 8:30~17:30(11~3월)　**휴무** 월요일　**요금** NT$20 *당일 국립 고궁 박물원 티켓 소지 시 무료　**홈페이지** www.npm.gov.tw

1984년에 지어진 지선원은 중국 전통식 정원으로, 국립 고궁 박물원 옆에 있다. 사람들에게 비교적 덜 알려져 있는 지선원 안에는 조그마한 연못 주변으로 한적하게 자리 잡은 정좌의 우아한 조경이 충분히 둘러볼 만한 가치가 있다. 항상 관광객들로 붐비는 국립 고궁 박물원과 달리 조용하고 국립 고궁 박물원 당일 티켓이 있으면 무료로 입장 가능하니 편하게 둘러보면서 잠시 쉬어 가 보자.

장제스의 거처였던 타이베이 제일의 생태 공원

스린 관저 공원 士林官邸公園 [스린관디궁위안]

주소 台北市士林區福林路 60號　**위치** MRT 스린(士林)역 2번 출구에서 도보 15분　**시간** 8:00~17:00　**홈페이지** www.culture.gov.taipei/frontsite/shilin　**전화** 02-2883-6340

장제스의 거처로 사용됐던 스린 관저 공원은 1996년 시민들에게 개방돼 지금은 타이베이 제일의 생태 공원으로, 도심 속 휴식 공간을 제공하고 있다. 관저 내에 현재 유일하게 남아 있는 건물은 장제스가 별장으로 사용했던 곳으로 장제스가 이곳에 머물며 생활한 그 당시의 흔적을 만나 볼 수 있다. 유럽식 화

원과 중국식 정원이 함께 어우러진 공원에는 계절마다 다채로운 빛깔을 뽐내는 꽃들이 만개하며 12월에는 꽃 축제가 열린다.

천문 과학의 모든 것을 체험할 수 있는 곳
타이베이 시립 천문 과학 교육관 Taipei Astronomical Museum
台北市立天文科學教育館 [타이베이스리티엔원커쉐쟈오위관]

주소 台北市士林區基河路 363號 **위치** MRT 스린(士林)역 1번 출구에서 중정루(中正路)를 따라 왼쪽으로 직진 후 기허루(基河路)에서 오른쪽으로 꺾어서 직진(도보 20분) **시간** 9:00~17:00 **휴관** 월요일 **요금** NT$40, NT$100(우주 극장, 입체 극장 일반), NT$70(4층 우주 탐험 궤도차) **홈페이지** www.tam.gov.tw **전화** 02-2831-4551

타이완 유일의 천문 과학 주제의 교육관으로, 천문 과학에 대해 이해하고 체험할 수 있어 학생들의 인기 견학 장소이다. 지하 1층부터 지상 3층까지 우주 극장, 전시관, 우주 탐험관, 입체 극장, 천문 관측실 구역에서 우주의 신비로움을 만나 볼 수 있다. 상설 전시 이외에도 우주에 관련한 다양한 프로그램이 있으며 천상 관측실에서는 무료로 천문 망원경으로 천체를 관측할 수 있다.

항일 전쟁과 국공 내전 희생 장병을 추모하기 위해 세운 곳
충렬사 忠烈祠 [중레츠]

주소 台北市中山區北安路 139號 **위치** MRT 스린(士林)역 1번 출구로 나와 버스 21번, 208번, 248번, 287번으로 환승 후 중레츠(忠烈祠) 정류장에서 하차 **시간** 9:00~17:00(마지막 위병 교대식 16:40) **전화** 02-2885-4162

북경 자금성 안의 태화전 太和殿을 모방해 웅장하게 지어진 충렬사는 항일 전쟁과 국공 내전으로 희생된 33만 장병들을 추모하기 위해 1969년에 세워졌다. 충렬사 내부에는 희생된 장병들의 위패들을 모시며 그들의 애국정신을 기리고 있다. 충렬사에서는 국립 중정 기념당과 같이 매시 정각에 열리는 위병 교대식이 열린다. 정문에서 본관까지 약 100m의 거리를 절도 있게 행진하는 모습을 볼 수 있는데 호국 선열들을 모시는 곳인 만큼 엄숙하고 근엄한 모습으로 진행된다. 이 모습을 보기 위해 많은 관광객이 충렬사를 방문한다. 마지막 교대식은 오후 4시 40분에 이루어진다.

타이베이에서 가장 큰 야시장

스린 야시장 士林夜市 [스린예스]

주소 台北市士林區基河路 101号號 **위치** MRT 젠탄(劍潭)역 1번 출구에서 횡단보도 왼쪽으로 건너면 바로 **시간** 17:00~25:00 **홈페이지** www.shilin-night-market.com

타이베이에서 가장 큰 규모를 자랑하는 스린 야시장에는 500여 개의 크고 작은 매장이 들어서 있다. 젠탄역 1번 출구로 나와 직진한 후 나오는 삼거리부터 야시장이 시작된다. 오른쪽으로 들어가면 의류, 액세서리, 생활용품 등을 판매하는 가게들이 모여 있는 쇼핑 거리가 나오는데, 저렴한 가격에 각종 기념품들을 구입할 수 있다. 야시장에서 먹는 즐거움은 가장 큰 호사로 삼거리에서 왼쪽으로 쭉 직진하면 스린 야시장의 하이라이트인 미식 거리가 나온다. 지하에 위치한 미식 거리에는 철판 요리, 굴전, 소시지 등 풍성한 먹거리들로 가득하다. 워낙 규모도 크고 다양한 먹거리가 즐비하기 때문에 가볍게 배를 채우면서 천천히 둘러보는 것이 좋다.

타이베이 북부 지역의 대표 쇼핑센터

미라마 엔터테인먼트 파크

Miramar Entertainment Park 美麗華百樂園 [메이리화바이러위안]

주소 台北市中山區敬業三路 20號 **위치** MRT 젠탄(劍潭)역 1번 출구 오른쪽 버스 정류장에서 셔틀버스 이용
시간 11:00~22:00/ 관람차: 11:00~23:00(일~목), 11:00~24:00(금, 토) **요금** NT\$150(관람차 평일),
NT\$200(관람차 주말) **홈페이지** www.miramar.com.tw **전화** 02-2175-3456

타이베이 북부 지역의 대표 쇼핑센터인 미라마 파크는 쇼핑과 엔터테인먼트가 결합된 복합 쇼핑몰로, 대형 스크린의 아이맥스(IMAX) 영화관, 타이베이 시내가 내려다보이는 관람차로 인해 젊은이들의 인기 데이트 명소로도 불린다. 쇼핑몰은 패밀리 홀과 영 홀로 나뉘어 있으며 타이완 현지 브랜드부터 해외 고급 브랜드까지 입점해 있다. 100m 높이의 관람차는 한

바퀴 도는 데 약 20분이며 천천히 돌아가는 관람차에서 근사한 타이베이 야경을 감상할 수 있어 연인들은 물론 관광객들에게도 인기가 많다.

산 중턱에서 즐기는 로맨틱한 야경 만찬

더 톱 THE TOP 屋頂上 [딩우상]

주소 台北市士林區凱旋路 61巷 4弄 33號 **위치** MRT 젠탄(劍潭)역에서 하차 후 택시 탑승 **시간** 평일 17:00~
다음 날 3:00(월~목), 17:00~다음 날 5:00(금), 24:00~다음 날 5:00(토), 24:00~다음 날 3:00(일) **홈페이지** www.compei.com **전화** 02-2862-2255

양명산 중턱에 위치한 더 톱은 로맨틱한 야경을 감상할 수 있는 연인들의 데이트 코스로 유명하다. 싱그러운 야자수 아래 로맨틱하면서 고급스러운 분위기의 야외 테이블에서는 발 아래로 펼쳐지는 환상적인 타이베이의 야경을 만끽할 수 있어 해가 진 후 방문한다면 항상 대기해야 할 정도로 인기가 많다. 식사는 물론 음료와 차, 디저트가 준비돼 있으며 저녁이면 야외에서 바비큐에 맥주와 칵테일도 즐길 수 있다. 이용 제한 시간은 없지만 구역

별로 미니멈 차지가 있으니 앉은 좌석에 따라 금액에 맞는 주문을 해야 한다. 찾아갈 때는 MRT 젠탄역에서 택시를 이용하는 것이 가장 편리하며, 돌아올 때는 카운터에 요청하면 콜 택시를 불러 준다. 편도 요금은 대략 NT\$250~300 정도다.

타이완 최초의 현대 미술관

타이베이 시립 미술관 台北市立美術館 [타이베이스리메이슈관]

주소 台北市中山區中山北路 3段 181號 **위치** MRT 위안산(圓山)역 1번 출구에서 중산베이루(中山北路) 방향으로 직진 후 삼거리에서 좌회전(도보 10분) **시간** 9:30~17:30(화~금, 일), 9:30~20:30(토) **휴관** 월요일 **요금** NT$30 **홈페이지** www.tfam.museum **전화** 02-2595-7656

1983년 문을 연 타이베이 시립 미술관은 타이완 최초의 현대 미술관으로, 아시아에서 도 손꼽히는 현대 미술관이다. 이곳은 지하 3층, 지상 3층으로 구성됐으며 실내는 타이완 예술가를 비롯해 해외 유명 작가들의 국제 미술 전시회 등 다양한 예술품들을 감상할 수 있다. 전시관 외에도 시민들을 위한 시청각실, 미술 교실, 도서관, 휴식 공간 등이 자리하고 있다. 또한 미술관 옆 중산 미술 공원에는 야외 무대가 설치돼 있어 시민들을 위한 문화 공간으로 사랑받고 있다.

다채로운 볼거리, 놀 거리가 가득한 광장

마지 마지 MAJI² 集食行樂 [마지마지 지스항러]

주소 台北市中山區玉門街 1號 **위치** MRT 위안산(圓山)역 1번 출구에서 보이는 화보 공원 안 **시간** 11:00~21:00 **홈페이지** www.majisquare.com **전화** 02-2597-7112

화보 공원 안에 위치한 마지(Maji) 스퀘어는 톡톡 튀는 아이디어 상품들이 가득한 디자인 숍, 타이완 각 지역에서 만들어진 농산품과 특산품을 판매하는 식자재 마트 그리고 베이글 전문 카페 굿, 초와 아이들부터 어른들까지 다양한 연령층의 마니아를 보유하고 있는 레고 전시관 브릭 웍스까지 그야말로 남녀노소 다채로운 볼거리와 놀 거리가 가득한 광장이다. 주말이면 야외 무대에서 길거리 공연과 벼룩시장이 열리며 아이들과 피크닉 나온 가족들, 데이트를 즐기는 연인들로 인산인해를 이룬다. 주변의 타이베이 시립 미술관, 타이베이 이야기관과 함께 코스로 둘러보기 좋다.

1년 내내 다양한 테마로 전시하는 이야기관
타이베이 이야기관 Taipei Story House 台北故事館 [타이베이구스관]

주소 台北市中山區中山北路 3段 181-1號 **위치** MRT 위안산(圓山)역 1번 출구에서 중산베이루(中山北路) 방향으로 직진 후 삼거리에서 좌회전(도보 10분) **시간** 10:00~17:30 **휴관** 월요일 **요금** 무료 **홈페이지** www.taipeistoryhouse.org.tw **전화** 02-2586-3677

동화 속에서 나온 듯한 귀여운 외관의 타이베이 이야기관은 1년 내내 각종 테마를 주제로 한 전시가 열리는 박물관이다. 예전에 원산별장으로 불렸던 이곳은 1913년 영국에서 직접 공수해 온 자재를 사용해서 지어졌으며 당시에는 상류층의 명류들이 드나들던 곳으로 이름을 떨쳤다. 1979년 이후 타이베이 시 정부에 의해 인수돼 관리되고 있다. 귀여운 외관과 독특한 분위기 때문에 주말이면 턱시도와 하얀 드레스를 입고 웨딩 촬영을 하는 예비 부부들을 볼 수 있다.

공자를 모시기 위해 지어진 유교 사원
타이베이시 공묘 台北市孔廟 [타이베이스쿵먀오]

주소 台北市大同區大龍街 275號 **위치** MRT 위안산(圓山)역 2번 출구에서 쿠룬제(庫倫街)를 따라 직진(도보 10분) **시간** 8:30~21:00 **휴무** 월요일 **홈페이지** www.ct.taipei.gov.tw **전화** 02-2592-3934

중국 고대의 위대한 사상가인 공자를 모시기 위해 지어진 유교 사원으로 1879년 지어졌다. 이후 중일 전쟁 후 일제 강점기 시절 크게 훼손됐다가 1925년 타이베이 시민들의 모금으로 다시 건축됐다. 사원 내부는 검소함을 중시했던 공자의 모습을 곳곳에서 엿볼 수 있어 차분하며 검소한 분위기가 감돈다. 매년 9월 28일에는 공자 탄신일로 공자 참배회가 열리며 수험 시간에는 수험생은 물론 타이완 전역에서 학부모들이 올라와 합격을 위한 기도를 드린다.

신베이터우
XINBEITOU

타이베이에서 MRT로 이동 가능한 온천 마을로 일제 강점기 시절 일본인들에 의해 개발됐으며 현재 양명산 온천과 함께 타이완 4대 온천으로 유명한 곳이다. 산으로 둘러싸인 마을에는 녹음이 울창한 공원, 베이터우 온천 박물관, 지열곡과 같이 이 지역에서만 볼 수 있는 특별한 관광지와 부담 없이 이용할 수 있는 대중탕, 프라이빗 온천을 즐길 수 있는 고급 호텔들이 들어서 있다. 베이터우 온천수는 미량의 라듐이 함유돼 있어 건강에 좋다고 알려져 있으니 한적하게 산책을 즐긴 후 온천욕으로 지친 몸을 힐링해 보자.

MRT 출구와 연결된 관광지

지열곡, 베이터우 온천 박물관은 월요일 휴무이기 때문에 사전에 확인하고 스케줄을 잡는 것이 좋다. 온천욕을 이용할 계획이라면 아침 일찍 방문하거나 예약 후 마을을 둘러본 후 하는 것이 편리하며 대부분 기본적인 물품은 구비돼 있으나 대중탕을 이용할 경우 수영복과 수건, 긴단한 세면도구를 챙기도록 하자.

다른 지역에서 오는 방법

MRT 베이터우北投역에서 환승 후 신베이터우新北投역에서 하차

175

신베이터우역
新北投

왓슨스
Watsons

모스버거
Mos Burger

스타벅스
Starbucks

웰컴 마트
Wellcome Mart

만라이 라면
滿來溫泉拉麵

타이베이 시립 도서관
베이터우 분관
臺北市立圖書館北投分館

카이다거란 문화관
凱達格蘭文化館

베이터우 온천 박물관
北投溫泉博物館

라듐 카가야
Radium Kagaya

골드 핫 스프링 호텔
GOLDEN HOT SPRING HOTEL

훙나이탕
瀧乃湯

베이터우 메이팅
北投梅庭

빌라 32
Villa 32

만커우 라면
滿客屋拉麵

지열곡
地熱谷

베이터우 문물관
北投文物館

N
W E
S

신베이터우 일대 BEST COURSE

지열곡

만래 온천 라면

카이다거란
문화관

베이터우 온천 박물관

타이베이 시립 도서관
베이터우 분관

골든 핫 스프링 호텔

대중적인 코스

신베이터우역에서 나와 중정루를 따라 먼저 올라가면서 주요 관광지를
둘러보고 내려오는 코스다.

카이다거란
문화관

도보 2분···

타이베이 시립 도서관
베이터우 분관

도보 2분···

베이터우
온천 박물관

만래 온천 라면

···도보 7분

골든 핫 스프링 호텔

···도보 10분

지열곡

···도보 7분

소수 민족의 문화와 역사를 소개한 곳
카이다거란 문화관 凱達格蘭文化館 [카이다거란원화관]

주소 台北市北投區北投中山路 3-1號 **위치** MRT 신베이터우(新北投)역에서 중산루(中山路)를 따라 직진하면 왼쪽(도보 5분) **시간** 9:00~17:00 **휴관** 월요일 **홈페이지** www.ketagalan.taipei.gov.tw **전화** 02-2898 -6500

카이다거란 문화관은 400년 전 베이터우 부근에서 생활했던 카이다거란족을 기념하기 위해 지어진 곳으로, 총 10층 높이의 건물에 카이다거란과 다른 소수 민족들의 문화와 역사를 소개하고 있다. 지하 1층부터 3층까지

각 층별로 소수 민족의 공예품, 전통 의상과 문자, 생활용품, 악기 등 일반 시민들이 쉽고 재미있게 소수 민족의 문화를 이해할 수 있게 전시해 놓았다. 1층에서는 소수 민족이 직접 만든 수공예 기념품들도 구입할 수 있다.

타이완 최초의 친환경 도서관
타이베이 시립 도서관 베이터우 분관
臺北市立圖書館北投分館 [타이베이스리투슈관베이터우펀관]

주소 台北市北投區光明路 251號 **위치** MRT 신베이터우(新北投)역에서 중산루(中山路)를 따라 직진하면 오른쪽(도보 8분) **시간** 8:30~21:00(화~토), 9:00~17:00(월) **휴관** 공휴일 **전화** 02-2897-7682

베이터우 공원 산책길을 따라 올라가다 보면 나오는 시립 도서관은 녹음이 진 아름다운 정원과 목재 위주로 지어진 타이완 최초의 친환경 도서관이다. 매력적인 외관에 로맨틱한 발코니를 보고 있으면 마치 고급 온천 호텔로 착각할 정도다. 야외 발코니에서는 주

위의 풀 내음과 잔잔히 들리는 물소리가 마치 삼림욕을 즐기는 듯한 느낌을 준다. 외관만큼 실내 인테리어도 아름다워 도서관을 찾은 학생들은 물론 관광객들도 많이 방문한다. 실내에서 촬영이 가능하나 여권을 제시하고 허가증을 받아야만 한다.

온천에 대한 사진과 자료를 전시한 곳

베이터우 온천 박물관 北投溫泉博物館 [베이터우원취안보우관]

주소 台北市北投區中山路 2號 **위치** MRT 신베이터우(新北投)역에서 중산루(中山路)를 따라 직진하면 오른쪽 (도보 8분) **시간** 9:00~17:00 **휴관** 월요일, 공휴일 **홈페이지** hotspringmuseum.taipei **전화** 02-2893-9981

영국 건축 양식을 본 따 지어진 온천 박물관은 온천욕을 즐기기 전에 방문해 둘러보면 좋은 곳으로 베이터우의 주요 관광 명소 중 하나다. 입구로 들어서면 다다미가 깔려 있는 일본풍으로 꾸며진 내부에 옛 베이터우 지형, 온천과 관련된 다양한 사진과 자료들이 전시돼 있어 베이터우 지역의 이해를 돕고 있다. 그중에서도 지하에는 옛날에 사용했던 공중목욕탕의 모습이 그대로 남아 있어 당시 온천욕에 대한 문화를 조금이나마 엿볼 수 있다.

타이완 정치가이자 서예가인 위유런 선생의 별장이었던 곳

베이터우 매정 北投梅庭 [베이터우메이팅]

주소 台北市北投區北投中山路 6號 **위치** MRT 신베이터우(新北投)역에서 중산루(中山路)를 따라 직진(도보 8분) **시간** 9:00~17:00 **휴관** 월요일, 공휴일 **전화** 02-2897-2647

1930년대 말에 지어진 일본식 단층 건물인 베이터우 매정은 타이완 정치가이자 서예가 위유런于右任 선생이 별장으로 사용하던 곳이다. 매정은 사용된 긴축 공법으로도 충분히 둘러볼 가치가 있는 곳으로, 외부 사방은 벽면의 습기를 방지하기 위해 각기 다른 재료를 깔아 지었으며, 지붕은 붕괴되는 걸 막기 위해 당시 유럽에서 배워 온 사량料梁을 사용해 올렸다. 실내에는 위유런 선생의 삭품도 함께 전시하고 있다.

지옥곡이라고 불리는 유황 온천

지열곡 地熱谷 [디러구]

주소 台北市北投區中山路 **위치** MRT 신베이터우(新北投)역에서 중산루(中山路)를 따라 직진(도보 15분) **시간** 9:00~17:00 **휴무** 월요일, 공휴일

베이터우 온천수의 근원지로, 입구에서부터 유황 온천 특유의 냄새가 진동하면서 안으로 들어갈수록 조그마한 호수처럼 생긴 온천 위에 자욱한 유황 연기가 피어 오르는데 그 모습이 마치 지옥과 같다 하여 '지옥곡'이라고 도 불린다. 온천수 온도가 약 80~100도로 조금만 가까이 다가가도 뜨거운 열기 때문에 숨이 막힐 정도며 예전에는 울타리가 없었으나 화상을 입거나 온천에 빠지는 사고가 일어나 지금은 울타리를 쳐 놓았다.

온천수로 끓이는 라면집
만객옥 라면 滿客屋拉麵 [만커우라미엔]

주소 台北市北投區北投温泉路 110號 **위치** MRT 신베이터우(新北投)역에서 중산루(中山路)를 따라 직진하다 원취안루(温泉路)에서 오른쪽으로 꺾으면 바로(도보 15분) **시간** 11:00~14:00, 17:00~21:00 **휴무** 월요일 **가격** NT$130~(라면) **전화** 02-2893-7958

베이터우 인기 라면집으로 가성비가 괜찮은 곳이다. 직접 만든 쫄깃한 면발을 온천수를 이용해 끓이는 것이 특징이다. 부드러운 돼지고기가 올라간 차슈 라면, 새우, 조개 등이 올라간 해산물 라면, 김치로 육수를 낸 김치 라면 등이 있으며 라면 외에 돼지갈비도 인기가 높다. 주변에 식당이 별로 없어서 식사 시간에는 사람들이 몰리므로 오래 기다려야 할 수도 있다.

최고의 서비스로 프라이빗 온천욕을 즐길 수 있는 곳
빌라 32 Villa 32

주소 台北市北投區中山路 32號 **위치** MRT 신베이터우(新北投)역에서 중산루(中山路)를 따라 직진(도보 10분) **시간** 10:00~23:00 **가격** NT$1,980(대중탕[大眾湯區] 평일 1인), NT$2,580(대중탕[大眾湯區] 주말1인), *4시간 이용 가능 / NT$2,800(프라이빗 탕[獨立湯屋] 평일, 방), 주말 NT$3,600(프라이빗 탕[獨立湯屋] 주말, 방), *90분 이용 가능 **홈페이지** www.villa32.com **전화** 02-6611-8888

다양한 온천 호텔이 모여 있는 베이터우에서도 고급 시설과 섬세한 인테리어, 최고의 서비스로 유명한 빌라 32에서 온천 및 숙박을 이용하려면 사전에 예약해야 할 정도로 인기가 높다. 온천욕은 다양한 대중탕과 프라이빗 탕 중 선택해서 즐길 수 있지만 이곳을 방문할 계획이라면 두 명이 온전히 즐길 수 있는 프라이빗 탕을 추천한다. 다른 온천 호텔에 비해 가격은 비싼 편이지만 그만큼 더 나은 서비스와 온천욕을 즐길 수 있기 때문이다.

옛날 동네 목욕탕 같은 친숙한 온천탕
룽나이탕 瀧乃湯

주소 台北市北投區光明路 244號 **위치** MRT 신베이터우(新北投)역에서 중산루(中山路)를 따라가다 시립 도서관과 온천 박물관 사이 샛길로 건너간 후 왼쪽으로 꺾어서 올라가면 오른쪽 **시간** 6:30~21:00 **가격** NT$150(대중탕) **홈페이지** www.longnice.com.tw **전화** 02-2891-2236

언뜻 그냥 지나치기 쉬운 룽나이탕은 베이터 우에서 가장 오래된 온천탕으로, 1907년 개 방된 이후 줄곧 시민들의 사랑을 받고 있는 곳이다. 오래된 만큼 시설이 비교적 낡은 편 이지만 옛날 동네 목욕탕 같은 소박함과 친 숙함을 느낄 수 있으며 저렴한 가격에 수질 또한 탁월해서 가족 단위의 사람들도 많이 찾 고 있다. 온천수는 약 40도 정도며 남탕과 여 탕이 분리돼 있어 수영복은 챙길 필요는 없지 만 세면도구는 따로 준비해 가야 한다.

다양한 온천 룸을 갖추고 있는 호텔
골든 핫 스프링 호텔
GOLDEN HOT SPRING HOTEL 金都精緻溫泉飯店 [진더우징즈원취안판디엔]

주소 台北市北投區光明路 240號 **위치** MRT 신베이터우(新北投)역에서 광밍루(光明路)를 따라 직진(도보 8 분) **가격** NT$980(침대 없는 방 1시간), NT$1,180(침대 있는 방 1시간), NT$300(주말 +), NT$200(30분 연장 +) **홈페이지** www.springhotel.tw **전화** 02-2891-1228

깔끔한 인테리어에 프리이빗 온천을 즐 기면서 베이터우의 경치를 감상할 수 있 는 온천 호텔이다. 32개의 객실이 있으 며 대중탕은 없지만 침실이 있는 스파 룸 과 냉탕과 온탕이 함께 있는 냉·온탕 룸, 다다미 룸까지 생각보다 다양한 온천 시설을 구비하고 있다. 무엇보다 오전 5시부터 12 시까지 제공하는 얼리버드 서비스는 4월부

터 9월까지는 NT$799, 10월부터 3월까 지는 NT$899의 저렴한 가격으로 제공하며 한국인에게만 사전 온라인 예약을 하면 추가 할인 서비스를 제공하고 있어 한국인들에게 인기가 많다.

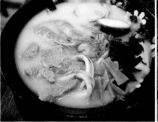

한국인에게도 인기 있는 라면집
만래 온천 라면 滿來溫泉拉麵 [만라이원취안라미엔]

주소 台北市北投區中山路 1-8號 **위치** MRT 신베이터우(新北投)역에서 중산루(中山路)를 따라 직진하면 왼쪽 (도보 4분) **시간** 11:30~21:00 **가격** NT$130~(라면), NT$30(온천 계란), NT$30(온천 두부) **전화** 02-28 94-9588

베이터우 공원 초입에 위치한 라면집으로 항상 사람들로 문전성시를 이루는 곳이다. 한국인들도 많이 찾기 때문에 친절하게 한국어 메뉴판이 준비돼있다. 김치가 올라간 김치 종합 라면, 큼지막한 갈비가 나오는 갈비 라면 등을 맛볼 수 있으며 여기에 사이드 메뉴로 반숙으로 익힌 계란에 일본 소스를 뿌

린 온천 계란, 겉만 살짝 튀긴 두부튀김을 곁들여 먹으면 푸짐한 한 끼가 완성된다. 대기 인원이 많을 경우 셔틀 차량에 탑승해서 2호점에서 식사하는 것이 빠르다.

국가 고적지로 지정된 옛 여관
베이터우 문물관 北投文物館 [베이터우원우관]

주소 台北市北投區幽雅路 32號 **위치** MRT 신베이터우(新北投)역 맞은편 광명 파출소 앞에서 230번 버스 탑승 후 베이터우 원우관(北投文物館) 정류장에서 하차, 혹은 중산루(中山路)를 따라 직진(도보 20분) **시간** 10:00~18:00 **휴무** 월요일 **가격** NT$120 **홈페이지** www.beitoumuseum.org.tw **전화** 02-2891-2318

고즈넉한 분위기의 일본식 정원과 정갈한 느낌의 목조 건물이 인상적인 베이터우 문물관은 1921년 지어졌으며 당시 가산여관(佳山旅館)이란 이름의 고급 여관이었으나 제2차 세계 대전 기간에는 일본 장교들이 드나들던 클럽으로 사용됐다. 현재는 내부 수리 후 국가 고적지로 지정됐으며 실내에서는 원주민들이 사용하던 문물들을 전시 및 연주회, 전통 예술 공연 등 다양한 문화 활동을 진행하고 있다.

마오쿵
MAOKONG

TAIPEI

타이베이시에서 가장 큰 차※ 생산 지역인 마오쿵에는 타이완에서 가장 긴 곤돌라와 귀여운 판다, 좀처럼 보기 힘든 아프리카 동물들을 만나 볼 수 있는 동물원이 있어 데이트를 즐기는 연인들과 아이와 함께 산책 나온 가족들이 즐겨 찾는 곳이다. 마오쿵 곤돌라 승강장 주변 산비탈 길에는 차 밭에서 생산한 차를 파는 카페와 식당들이 들어서 있으며 도심에서 벗어나 아름다운 경치를 감상하며 트레킹을 즐길 수 있다.

© Andreas R

MRT

MRT 출구와 연결된 관광지
마오쿵과 동물원을 함께 둘러보려면 곤돌라를 타고 마오쿵, 지남궁을 둘러본 후 동물원 위쪽에서 내려오며 보는 것이 좋다. 판다관은 입장 인원이 제한돼 있어 너무 늦게 가면 못 볼 수 있으니 미리 동신을 질 체크하는 깃이 좋다.

 1번 타이베이 시립 동물원
 2번 마오쿵 곤돌라

다른 지역에서 오는 방법

 MRT 동우위안動物園역에서 하차

타이뻬이 시립 동물원
台北市立動物園

무자역
木柵站

둥우위안역
動物園站

둥우위안역
動物園站

마오쿵 곤돌라
Maokong Gondola

둥우위안난역
動物園南站

지남궁
指南宮

즈난궁역
指南宮站

마오쿵역
貓空站

마오쿵 한
貓空閒

용문객잔
龍門客棧

마오쿵 카페 항
貓空咖啡巷

마오쿵

마오쿵 일대 BEST COURSE

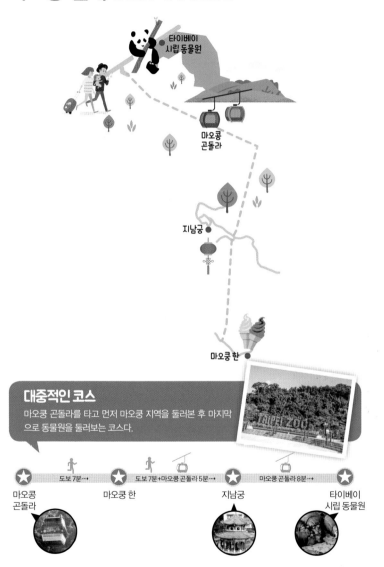

타이베이
시립 동물원

마오쿵
곤돌라

지남궁

마오쿵 한

대중적인 코스

마오쿵 곤돌라를 타고 먼저 마오쿵 지역을 둘러본 후 마지막
으로 동물원을 둘러보는 코스다.

| 마오쿵 곤돌라 | 도보 7분···▶ | 마오쿵 한 | 도보 7분+마오쿵 곤돌라 5분···▶ | 지남궁 | 마오쿵 곤돌라 8분···▶ | 타이베이 시립 동물원 |

타이베이 최초이자 타이완에서 가장 긴 케이블카

마오쿵 곤돌라 Maokong Gondola 猫空缆车 [마오쿵란처]

주소 台北市文山區新光路 2段 30 **위치** MRT 둥우위안(動物園)역 2번 출구에서 왼쪽으로 직진(도보 2분) **시간** 9:00~21:00(화~목), 9:00~22:00(금, 공휴일 전날), 8:30~21:00(토, 일, 공휴일) **휴무** 월요일(매월 첫째 주 월요일과 공휴일은 운영) **요금** NT$70(편도 1개 역), NT$100(편도 2개 역), NT$120(편도 3개 역) **홈페이지** www.gondola.taipei **전화** 02-2181-2345

타이베이 최초이자 타이완에서 최장 길이의 케이블카를 자랑하는 마오쿵 곤돌라는 2007년에 개통됐다. 동물원 역부터, 동물원 내부, 지남궁, 마오쿵까지 총 4개의 정거장으로 되어 있으며 길이는 총 4.03km에 달해 동물원부터 마오쿵까지 20여 분이 소요된다. 일반 곤돌라와 바닥이 보이는 크리스탈 곤돌라 두 종류가 있는데 크리스탈 곤돌라는 발 밑으로 산 아래의 전경과 목책 지역 차 밭의 아름다운 경치를 감상하려는 사람들로 줄이 더 길다. 동물원을 함께 둘러볼 계획이라면 먼저 마오쿵역 주변을 둘러본 후 내려오면서 동물원 내부에 내리는 것이 좋다.

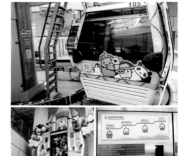

직접 재배한 차로 만든 요리를 맛볼 수 있는 곳

용문객잔 龍門客棧 [룽먼커잔]

주소 台北市文山區指南路 3段 38巷 22-2號 **위치** 마오쿵 곤돌라 탑승 후 마오쿵(貓空)역에서 오른쪽으로 직진(도보 3분) **시간** 11:00~25:00 **가격** NT$150(차예차오판[茶葉炒飯]), NT$120(차여우미엔시엔 [茶油麵線]) **전화** 02-2939-8865

마오쿵 지역에서 직접 재배한 신선한 차와 음식을 함께 즐길 수 있는 다예관 겸 레스토랑이다. 실내로 들어가면 아늑한 느낌의 인테리어와 마오쿵의 탁 트인 전망이 한눈에 들어오는 테라스 자리가 눈에 들어온다. 인기 메뉴는 철관음 찻잎 가루를 넣어 요리한

볶음밥 차예차오판茶葉炒飯, 찻잎을 우려 만든 국수 차여우미엔시엔茶油麵線으로 건강하면  서 색다른 음식을 맛볼 수 있다.

마오쿵 녹차 아이스크림으로 유명한 곳

마오쿵 카페 항 Maokong Cafe Alley 貓空咖啡巷 [마오쿵카페이샹]

주소 台北市文山區指南路 3段 38巷 33-5號 **위치** 마오쿵 곤돌라 탑승 후 마오쿵(貓空)역에서 하차 후 왼쪽 도로를 따라 직진(도보 7분) **시간** 10:00~21:00 **휴무** 월요일 **가격** NT$80(아이스크림) **홈페이지** www.facebook.com/maokongcafealley **전화** 02-2234-8637

마오쿵에서 차와 함께 유명한 녹차 아이스크림을 판매하는 카페다. 마오쿵 지역에서 재배한 녹차를 재료로 아이스크림을 만들어 진하면서 부드러운 맛이 매력적이며 아이스크림 위에 마오쿵의 상징인 앙증맞은 고양이

모양의 쿠키를 올려 준다. 차와 함께 간단한 식사도 가능하며 매장 오른쪽에서는 마오쿵에서 재배한 녹차를 판매하고 있는데 깜직한 고양이 캐릭터가 그려진 틴 케이스는 선물용으로도 인기가 많다.

전망이 좋은 노천 카페

마오쿵 한 貓空閒 [마오쿵시엔]

주소 台北市文山區指南路 3段 38巷 34號 **위치** 마오쿵 곤돌라 탑승 후 마오쿵(貓空)역에서 하차 후 왼쪽 도로를 따라 직진(도보 10분) **시간** 10:00~24:00(일~목), 10:00~다음 날 3:00(금, 토) **가격** NT$100(아메리카노) **전화** 02-2939-0649

마오쿵 한은 맑고 상쾌한 공기를 마시며 산 아래로 타이베이 시내가 보이는 전망이 매력인 노천 카페다. 이곳은 트레킹 도중 쉬어가는 사람들뿐만 아니라 저녁이면 타이베이 도심의 야경을 감상하려는 연인들이 많이 찾는다. 귀여운 트럭에서 커피와 차, 음료 및 베이글 등 간단한 간식거리를 주문 후 트럭 옆

파라솔이나 길 건너 계단 위 야외 자리 중 마음에 드는 곳으로 가서 앉으면 된다. 1인당 NT$80 이상 주문해야 한다.

데이트 금지 구역으로 불리기도 하는 도교 사원

지남궁 指南宮 [즈난궁]

주소 台北市文山區萬壽路 115號 **위치** 마오쿵 곤돌라 탑승 후 즈난궁(指南宮)역에서 하차 **시간** 6:00~22:00 **홈페이지** www.chih-nan-temple.org **전화** 02-2939-9922

마오쿵 산기슭에 위치한 지남궁은 1890년에 지어진 타이베이 대표 도교 사원으로 도교 8선 중 하나인 여동빈呂洞賓을 모시고 있다. 다른 사원들과 같이 도교 외에도 유교, 불교를 함께 모시고 있는데 대부분 민가에 있는 사원들과 다르게 해발 300m 산속에 위치해 있어 날씨가 좋은 날에는 탁 트인 전망

을 감상할 수 있어 마오쿵에서 최고의 뷰 포인트로도 불릴 정도다. 하지만 커플들이 방문하면 여동빈이 질투를 해서 헤어진다는 속설 때문에 데이트 금지 구역으로 불리기도 한다.

타이완 최대 규모의 동물원

타이베이 시립 동물원

Taipei City Zoo   台北市立動物園 [타이베이스리동우위안]

주소 台北市文山區新光路 2段 30號 **위치** MRT 동우위안(動物園)역에서 하차 후 바로 **시간** 9:00~17:00(입장 마감 16:00, 동물 관람 마감 16:30) **요금** NT$60 *이지 카드 결제 가능 **홈페이지** www.zoo.gov.taipei **전화** 02-2938-2300

총 면적이 182ha인 타이완 최대 규모의 타이베이 시립 동물원은 세계 10대 도시형 동물원 중 하나로 약 400여 종의 동물을 7개의 전시관과 8개의 옥외 전시관에서 만나 볼 수 있다. 셔틀버스를 타면 원내를 편안하게 이동하면서 안내 녹음 방송과 함께 자연 상태에 가장 가까운 환경에서 생활하는 동물들의 모습을 천천히 만나 볼 수 있다. 아프리카 동물 구역과 함께 자이언트 판다관은 동물원 최고 인기 구역으로 하루 입장이 제한돼 있으니 판다를 보고 싶다면 일찍 방문하는 것이 좋다. 타이완 토착 동물 구역에서는 타이완에서만 만나 볼 수 있는 동물들이 전시돼 있으니 놓치지 말고 둘러보자.

푸진제, 쑹산
FUJIN, SONGSHAN

쑹산 공항 근처의 민성셔취(民生社區)는 원래 60년대 타이베이 시 정부에서 도시 계획 일환으로 고급 주거지를 형성한 곳으로, 거리마다 조그마한 공원들이 자리 잡고 있으며 가로수 길이 잘 조성돼 있다. 그중 푸진제는 한적하면서 여유로운 분위기의 주택가에 유니크한 멀티숍, 보석 같은 카페들이 하나둘씩 들어오면서 점점 사람들에게 알려지기 시작한 핫한 곳이다. 복잡한 도심에서 벗어나 한적하고 여유로운 분위기를 느낄 수 있어 타이베이의 또 다른 매력을 보게 될 것이다.

192

MRT 출구와 연결된 관광지

쑹산 공항에서 귀국한다면 미리 공항에 짐을 보관하고 푸진제를 둘러보는 것이 좋다. 만약 다른 지역에서 올 경우 지하철보다는 택시나 버스를 타는 것이 편리하다. 유명한 관광지는 없지만 한적하고 여유로운 길가를 따라 분위기 좋은 카페와 상점들이 모여 있으니 천천히 둘러보자.

쑹산지창松山機場역 : **3번** 푸진 트리 353 카페, 규슈 팬케이크, 서니힐, 울루물루
난징싼민南京三民역 : **2번** 치아더

다른 지역에서 오는 방법

푸진제 : MRT 쑹산지창松山機場역에서 하차
타이베이 아레나, 딩왕마라궈 : MRT 타이베이 샤오쥐단台北小巨蛋역에서 하차

푸진제, 쑹산

체크인
Checkinn

싱톈궁역
行天宮站
Cosmed
일약본포
日藥本舖

코스메드
Cosmed

싱톈궁
行天宮

쑹장난징역
松江南京站

상인수산
上引水產

브라더 호텔
Brother Hotel

난징푸싱역
南京復興站

호텔 쿼트 타이베이
Hotel Quote Taipei

쑹산가오중역
中山國中站

가비
GABEE

타이베이 아레나
Taipei Arena

타이베이
Sunworld Dynasty Hotel
선월드 다이너스티 호텔

Woolloomooloo
울룸울루

쑹산지창역
松山機場站

타이베이 쑹산 공항
臺北松山機場

타이베이샤오쥬단역
台北小巨蛋站

춘수이탕
春水堂

딩왕마라궈
鼎王麻辣鍋

Sunnyhills
써니힐

치지아이정슈
奇集愛正數

푸진 트리 353 카페
Fujin Tree 353 Café

de'A

펀펀타운
Funfuntown

규슈 팬케이크
九州鬆餅

서니힐
Sunnyhills

자디거우병
佳德糕餅
Coco

썬메리
Sunmerry

스타벅스
Starbucks

코스메드
Cosmed

50란
50嵐

푸진제, 쑹산 일대 BEST COURSE

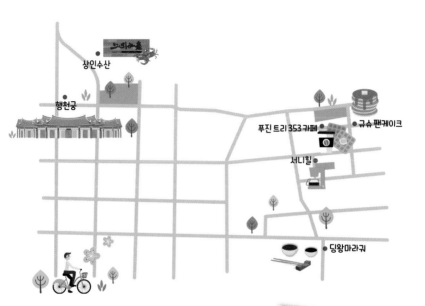

대중적인 코스

상인수산은 해산물을 좋아하는 사람이라면 꼭 방문해 볼 만하며, 푸진제는 도심 속 여유를 느낄 수 있어 가벼운 마음으로 산책하기 좋다.

상인수산 → 택시 5분 → 행천궁 → 버스 14분 → 푸진 트리 353 카페

딩왕마라궈 ← 도보 15분 ← 서니힐 ← 도보 9분 ← 규슈 팬케이크 ← 도보 2분

관우신이 주신으로 있는 곳
행천궁 行天宮 [싱티엔궁]

주소 台北市中山區民族東路 2段 109號 **위치** MRT 싱티엔궁(行天宮)역 3번 출구에서 직진(도보 3분) **시간** 6: 00~22:00 **홈페이지** www.ht.org.tw **전화** 02-2502-7924

불교와 유교의 건축 양식을 융합해 1968년에 지어진 행천궁에는 다양한 신들이 모셔져 있는데 그중에서도 주신으로 모시고 있는 관우신이 가장 인기가 많다. 예전부터 관우는 사람들에게 상업의 신으로도 불리면서 그에게 기도를 드리면 관우의 지혜와 용기에 도움을 얻어 사업이 번창한다고 전해져 타이베이에서 방문객이 가장 많은 사원 중 하나로 하루에도 수만 명이 찾는 곳이다. 또한 행천궁은 다른 사당과는 다르게 종이돈을 태우지 않는 등 대외적인 모금과 상업 행위를 하지 않는다.

옛 수산 시장을 리모델링한 고급스러운 시장
상인수산 上引水产 [상인수이찬]

주소 台北市中山區民族東路 410巷 2弄 18號 **위치** MRT 중산궈중(中山國中)역에서 택시로 약 5분 **시간** 6:00 ~24:00(마켓), 9:30~24:00(스시 바) **가격** NT$300~(스시 바 스시 세트), NT$600~(디럭스 스시 세트) *현금 결제만 가능 **홈페이지** www.addiction.com.tw **전화** 02-2508-1268

옛 수산 시장을 리모델링해 새롭게 태어난 상인수산은, 은은한 조명과 모던하면서 고급스러운 인테리어가 마치 레스토랑에 온 듯한 느낌을 준다. 상인수산은 수산 시장답게 산지에서 직송한 싱싱한 해산물을 구입할 수 있는 수산 코너는 물론 신선한 과일과 채소, 도시락을 판매하는 푸드 마켓, 스시 바, 야외 바비큐 존 등 총 10개 구역으로 나누어져 있다. 가장 인기 있는 곳은 스탠딩 스시 바로, 이곳의 모둠 초밥과 제철 사시미가 베스트셀러다. 대기 인원이 많을 경우 포장 코너에서 구입 후 매장 밖에 마련된 테이블에서 먹으면 더 저렴한 가격에 음식을 맛볼 수 있다.

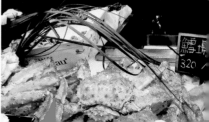

타이베이를 대표하는 종합 체육관
타이베이 아레나 TAIPEI ARENA 台北小巨蛋 [타이베이 샤오쥐단]

주소 台北市松山區南京東路 4段 2號 **위치** MRT 타이베이 샤오쥐단(台北小巨蛋)역에서 하차 후 바로 **홈페이지** www.arena.taipei **전화** 02-2578-3536

타이베이 아레나는 1958년에 지어진 타이베이를 대표하는 종합 체육관이다. 총 1만 5천 석 규모의 실내 체육관에서는 각종 스포츠 경기와 국제 세미나, 전시회는 물론 예술 공연과 국내외 유명 연예인들의 팬 미팅 같은 행사도 열리며 우리나라 연예인들도 타이베이를 방문하면 대부분이 이곳에서 콘서트를 개최한다. 실내 체육관 옆 야외 트랙에서는 생활 체육을 즐기는 시민들을 만나 볼 수 있다.

> **TIP** 영화 속 타이베이 아레나
> 영화 〈나의 소녀시대〉에서 쉬타이위와 린전신이 시간이 흘러 유덕화 콘서트장에서 만나는데, 그 콘서트장이 바로 이곳 타이베이 아레나다.

맛과 서비스가 일품인 훠궈 맛집
딩왕마라궈 鼎王麻辣鍋 [딩왕마라궈]

주소 台北市松山區光復北路 89號 **위치** MRT 타이베이 샤오쥐단(台北小巨蛋)역 4번 출구에서 직진하다 광푸베이루(光復北路) 사거리를 건넌 후 오른쪽으로 직진하면 왼쪽(도보 10분) **시간** 11:30~다음 날 4:00 **가격** NT$500(1인 예산), NT$650(테이블 미니멈 차지) **홈페이지** www.tripodking.com.tw **전화** 02-2742-1199

맛은 물론 전통 복장을 입은 직원들의 친절한 서비스로도 유명한 훠궈 맛집이다. 타이중에 본점이 있으며 타이완 전역에 9개의 매장을 운영하고 있다. 매콤한 마라탕麻辣燙, 시큼한 동베이쏸차이탕東北酸菜湯, 반반씩 담겨 있는 위안양궈鴛鴦鍋 중 육수를 선택한 후 고기, 해산물, 야채 등 재료를 추가해서 먹으면 된다. 인기가 많기 때문에 사전에 미리 예약하고 가는 것이 좋다.

펑리수의 원조라 불리는 가게

치아더 佳德糕餅 [치아더 가오빙]

주소 台北市中山區民族東路 5段 88號 **위치** MRT 난징싼민(南京三民)역 2번 출구에서 반대 방향으로 직진 (도보 3분) **시간** 7:30~21:30 **가격** NT\$30(일반 펑리수) **홈페이지** www.chiate88.com **전화** 02-8787-8186

1975년 문을 연 이래로 펑리수 하나로 그 명성을 이어 오며 그야말로 펑리수의 원조라 불리는 곳이다. 가게 앞에는 항상 펑리수를 구입하려는 손님들이 길게 서 있다. 선물용으로도 인기가 좋아 절반 이상이 해외 여행객일 정도여서 오후 늦게 방문하면 이미 매진돼 원하는 펑리수를 구입하지 못할 수도 있다. 파인애플이 들어간 일반 펑리수 외에도, 메론, 딸기, 크랜베리 등 다양한 과일이 들어간 펑리수와 태양병, 베이커리 종류가 다양하게 준비돼 있어서 귀국 전 들러서 선물을 구입하기에 좋다.

현지 바리스타들이 추천하는 카페

푸진 트리 353 카페 Fujin Tree 353 CAFE

주소 台北市松山區富錦街 353號 **위치** MRT 쑹산지창(松山機場)역 3번 출구에서 둔화베이루(敦化北路)를 따라 걷다가 왼쪽 푸진제(富錦街)로 가면 왼쪽(도보 12분) **시간** 9:00~21:00 **가격** NT\$130~(커피), NT\$220 (티라미수), NT\$180(브라운 슈가라테) **홈페이지** www.facebook.com/fujintree353cafe **전화** 02-2749-5225

분위기 좋은 카페와 갤러리들이 모여 있는 푸진제에서 푸진 트리 353 카페는 현지 바리스타들도 추천할 정도로 인기몰이를 하고 있는 곳이다. 길가 옆에 마련된 야외 테라스와 따뜻한 느낌의 원목 가구들 사이로 곳곳에 꽃과 나무들로 꾸며진 실내는 조용한 거리와 커피를 좋아하는 사람에게는 그야말로 최고다. 볼리비아, 멕시코, 콜롬비아 등 세계 각국의 커피와 따뜻하게 구워 나오는 홈메이드 카스텔라 등 달콤한 디저트들을 즐기며 잠깐의 여유를 느껴 보자.

커피와 디자인 상품을 판매하는 멀티숍

de'A

주소 台北市松山區富錦街344號 **위치** MRT 쏭산지창(松山機場)역 3번 출구에서 둔화베이루(敦化北路)를 따라 걷다가 왼쪽 푸진제(富錦街)로 가면 오른쪽(도보 12분) **시간** 12:00~20:00 **홈페이지** www.facebook.com/dea.taiwan **전화** 02-2747-7276

얼핏 보면 편집 숍 같지만 커피와 디저트도 함께 판매하고 있는 멀티숍이다. '프로퍼티 오브(Property of)'에서 출시되는 가방에서 영감을 얻어 오픈해서 그런지 왁스 캔버스 스타일의 가방이 유독 눈에 들어온다. 그 외에도 전 세계에서 건너온 다양한 브랜드 제품의 가죽 가방, 디자인 가방들이 진열장을 가득 메우고 있다. 대부분 너무 과하지 않고 유행을 타지 않는 심플한 제품들이지만 퀄리티는 매우 뛰어나다. 커피와 디저트를 즐길 수 있는 공간이 따로 마련돼 있다.

전 세계 물품들을 만날 수 있는 편집 숍

펀펀타운 funfuntown 放放堂 [팡팡탕]

주소 台北市松山區富錦街 359巷 1弄 2號 **위치** MRT 쏭산지창(松山機場)역 3번 출구에서 둔화베이루(敦化北路)를 따라 걷다가 왼쪽 푸진제(富錦街)로 가다 de'a 카페를 지나 첫 번째 사거리에서 좌회전(도보 13분) **시간** 13:00~20:00(수~일) **휴무** 월, 화요일 **홈페이지** www.funfuntown.com **전화** 02-2766-5916

매장 이름처럼 즐거움이 가득한 편집 숍이다. 매장 안으로 들어서면 세계 각지에서 건너온 수공예품들이 반겨 주는데, 클래식한 느낌의 생활용품부터 모던하면서 아이디어 넘치는 아이템들까지 전시돼 있다. 모든 물건은 사장이 직접 전 세계를 돌며 구입한 것들로 가만히 들여다 보면 디자인이 뛰어날 뿐만 아니라 굉장히 실용적으로 제작된 제품들이 많다.

일본에서 건너온 인기 팬케이크집
규슈 팬케이크 九州パンケーキ [지우저우쑹빙]

주소 台北市松山區富錦街 413號 **위치** MRT 쑹산지창(松山機場)역 3번 출구에서 둔화베이루(敦化北路)를 따라 걷다가 왼쪽 푸진제(富錦街)로 가면 왼쪽(도보 15분) **시간** 12:00~21:00(월~금), 10:00~21:00(주말, 공휴일) **가격** NT$180~(팬케이크) *SC 10% **홈페이지** www.kyushu-pancake.com.tw **전화** 02-2749-5253

도쿄 시부야의 인기 팬케이크집으로, 타이베이에 첫 번째 해외 지점을 오픈했다. 아시아 미식 평가지인 《니치(Nichi)》에서 2015년 타이베이에서 꼭 찾아가 봐야 할 식당 30에 뽑힐 정도로 문을 열자마자 핫 플레이스로 떠오른 곳이다. 모든 팬케이크는 규슈 지역에서 생산한 좋은 밀과 곡물을 섞어 만들어 기존의 팬케이크보다 건강한 맛을 느낄 수 있으며 커피부터 다양한 차와 음료 및 식사도 가능하다. 집에서 직접 만들어 먹을 수 있도록 밀가루도 판매하고 있다.

100% 파인애플 함량 펑리수를 판매하는 가게
서니힐 Sunnyhills 微熱山丘 [웨이러산치우]

주소 台北市中山區民族東路 5段 36弄 4弄 1號 1樓 **위치** MRT 쑹산지창(松山機場) 3번 출구 공항 앞 큰 교차로에서 좌회전 후 직진한 다음 광푸베이루(光復北路)가 나오면 우회전 후 직진한 뒤 민성동루(民生東路)가 나오면 좌회전 후 오른쪽 첫 번째 골목으로 들어간 뒤 두 번째 사거리에서 왼쪽으로 꺾으면 바로(도보 15분) **시간** 10:00~20:00 **가격** NT$420(10개 세트), NT$670(16개 세트), NT$840(20개 세트) **홈페이지** www.sunnyhills.com.tw **전화** 02-2760-0508

타이베이 현지인들에게는 물론 여행객들에게도 인기가 높은 펑리수 가게다. 여느 펑리수 가게와는 다르게 은은한 조명과 모던한 인테리어가 고급스러운 카페처럼 꾸며져 있고 매장에 들어서면 친절하게 직원이 자리를 안내해 주며 차 한 잔과 시식용 펑리수를 준다. 서니힐의 펑리수는 파인애플 함량 100%로, 다른 펑리수에 비해 파인애플의 순수한 새콤달콤함을 더 잘 느낄 수 있고 크기가 조금 더 큰 편이다. 쑹산 공항 근처에 위치해 있어서 쑹산 공항에서 출국 전 방문해서 구입하는 것이 좋다.

'물의 시작'이라는 독특한 이름의 카페
울루물루 Woolloomooloo

주소 台北市松山區富錦街 95號 **위치** MRT 쏭산지창(松山機場)역 3번 출구에서 둔화베이루(敦化北路)를 따라 걷다가 왼쪽 푸진제(富錦街)로 가서 왼쪽(도보 10분) **시간** 10:00~18:00(화~금), 9:00~18:00(주말) **휴무** 월요일 **가격** NT$110~(커피), NT$300~(브런치 세트) **홈페이지** www.facebook.com/woolloomoolooTaipei **전화** 02-2546-8318

독특한 이름의 울루물루 카페는 호주에서 생활하던 타이완 디자이너이자 이곳의 사장인 지미가 지은 이름으로, '물의 시작'이라는 뜻을 가졌다. 짧은 계단을 올라가면 한쪽 벽면을 가득 채운 책들과 탁 트인 공간에 놓인 큰 테이블이 눈에 들어온다. 인기 메뉴는 심플하면서도 재료 그대로의 맛을 살린 브런치 세트와 제철 과일을 사용한 디저트로 여성들에게 사랑받고 있다. 카운터 옆에는 울루물루에서 직접 제작한 귀여운 텀블러도 판매하고 있다.

커피 마니아라면 꼭 가 봐야 할 카페
가비 GABEE

주소 台北市松山區民生東路 3段 113巷 21號 **위치** MRT 중산궈중(中山國中)역에서 도보 10분 **시간** 9:00~18:00(월~목), 9:00~22:00(금~일) **가격** NT$150(커피), NT$180(아이스 스위트 포테이토 커피), NT$180(아이스 더 폼 오브 서머) **홈페이지** www.gabee.cc **전화** 02-2713-8772

가비는 커피의 타이완식 발음으로 핫한 카페들이 모여 있는 난징둥루에서도 커피를 좋아하는 사람이라면 꼭 찾아가 볼 가치가 있는 곳이다. 카페 주인은 2004년 타이완 바리스타 대회 우승자인 임동원林東源으로, 그의 라테 아트는 타이완뿐만 아니라 해외에서도 유명할 정도다. 라테뿐만 아니라 설탕에 절인 달콤한 고구마 무스에 에스프레소와 생크림, 우유 거품을 올린 스위트 포테이토 커피(Sweet potato coffee), 상큼한 레몬 주스와 탄산수, 럼이 들어간 더 폼 오브 서머(The Foam of Summer)와 같이 독특하고 맛있는 시그니처 커피는 가비에서만 만나 볼 수 있다.

TAIPEI

단수이
TAMSUI

일찍이 타이완의 첫 번째 항구 도시로 번영했던 단수이는 스페인, 네덜란드와 일본 식민 시대의 이국적인 건축물들이 한데 모여 있어 이국적인 분위기가 물씬 풍기는 매력적인 도시다. 해안가를 따라 길게 이어진 산책로와

각종 먹거리가 가득한 라오제 그리고 위런마터우의 낭만적인 노을은 단수이 여행의 하이라이트다. 영화 〈말할 수 없는 비밀〉의 촬영지인 진리대학과 담강고등학교는 영화를 본 팬이라면 꼭 방문하는 필수 코스로 자리 잡았다.

위런마터우에서 노을을 감상하려면 라오제와 다른 주요 관광지를 먼저 둘러보고 가는 것이 좋다. 단수이 라오제 혹은 해안가를 따라 아름다운 단수이 강변을 천천히 둘러본 후 훙마오청, 진리대학 구경 후 버스 혹은 페리를 타고 위런마터우로 이동하는 것이 좋다.

훙선 26번 버스
MRT 단수이역에서 위런마터우까지 운행하는 로컬 버스로 소백궁, 진리대학, 훙마오청 등 단수이 주요 관광지에 정차한다. 요금은 NT$15다.

다른 지역에서 오는 방법

타이베이
MRT 타고 단수이淡水역에서 하차

바리
단수이 선착장에서 페리 타고 이동

위런마터우
漁人碼頭

진리대학
真理大學

담강고등학교
淡江高級中學

흥마오청
紅毛城

소백궁
小白宮

단수이 예배당
淡水禮拜堂

용제수만
榕堤水灣
스타벅스
Starbucks

커커우위완
可口魚丸

현고단고
現烤蛋糕

아포톄단
阿婆鐵蛋

위런마터우행
페리 선착장

세인트 피터
SAINT PETER

바리행
페리 선착장

복화철판소
福華鐵板燒

왓슨스
Watsons

50란
50嵐

단수이 라오제
淡水老街

버스 정류장

50란
50嵐

왓슨스
Watsons

칭광훙더우빙
晴光紅豆餅

맥도날드
Mcdonalds

단수이 진서수이안
淡水金色水岸

단수이역
淡水站

버스 정류장

단수이 문화 공원
淡水文化園區

단수이

바리
八里

바오나이나이화즈사오
寶奶奶花枝燒

단수이 일대 BEST COURSE

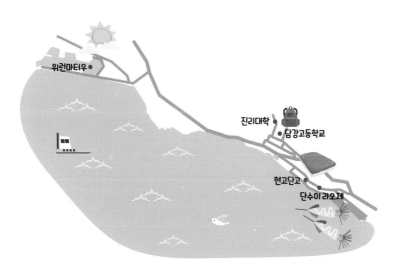

대중적인 코스

단수이 주요 관광지와 함께 낭만적인 노을을 감상하는 코스로,
오후에 방문해 천천히 둘러보며 단수이의 매력을 느껴 보자.

★ 단수이 라오제 ···도보 7분···▸ ★ 현고단고 ···도보 10분···▸ ★ 진리대학

★ 위런마터우 ◂···버스 20분··· ★ 담강고등학교 ◂···도보 2분···

19세기 타이완의 제1 항구의 모습을 볼 수 있는 곳

단수이 문화 공원 Tamsui Cultural Park 淡水文化園區 [단수이원화위안취]

주소 新北市淡水區鼻頭街 22號 **위치** MRT 단수이(淡水)역 2번 출구에서 도보 3분 **시간** 9:30~17:30 **휴무** 월요일 **홈페이지** www.tamsui.org.tw **전화** 02-2622-1928

단수이 문화 공원 은 일제 식민지 시 절 영국 회사가 사 용하던 창고를 새 롭게 수리한 후 개 방된 곳으로, 19세기 타이완의 제1 항구로 번영했던 단수이의 모습을 만나 볼 수 있다.

비록 훙마오청, 소백궁 같은 고적에 비해 사 람들에게 덜 알려져 있지만 붉은 벽돌의 오 래된 건물과 그 옆으로 남겨진 철로의 모습 은 출사지로 사람들에게 점점 인기를 얻고 있다. 4개의 창고 건물에서는 단수이의 역사 와 관련된 자료를 전시하고 있다.

강변을 따라 다양한 간식거리가 즐비한 곳

단수이 라오제 淡水老街 [단수이 라오제]

주소 新北市淡水區中正路 **위치** MRT 단수이(淡水)역 1번 출구에서 중정루(中正路)를 따라가면 바로

MRT 단수이역을 나와 해안 공원을 따라가 다 보면 단수이 라오제를 만나게 된다. 길 양 옆으로 오래된 건물들이 남아 있는 라오제에 는 단수이의 명물인 아게이阿給, 위완탕魚丸 湯, 톄단鐵蛋부터 펑리수, 대왕 카스텔라 등 다양한 간식들이 거리에 포진해 있어 유혹을 떨쳐 내기 쉽지 않다. 강변 쪽으로는 산책로 와 각종 신선한 해산물과 재미난 소품, 기념 품 가게가 들어서 있어 지루할 틈이 없는 곳 이다.

철판 코스 요리를 저렴한 가격으로 먹을 수 있는 곳
복화철판소 福華鐵板燒 [푸화테판샤오] 🍴

주소 新北市淡水區清水街 9之 1號 **위치** MRT 단수이(淡水)역 1번 출구에서 오른쪽 건너편 7-11 골목으로 직진 후 왓슨스가 나오는 사거리에서 좌회전 뒤 직진(도보 7분) **시간** 11:00~14:00(점심: 월~금), 17:00~22:00(저녁: 월~금)/ 11:00~14:30(점심: 토, 일), 17:00~22:00(저녁: 토, 일) **가격** NT$580(2인 메뉴 A세트), NT$510(2인 메뉴 B세트) **전화** 02-2621-8285

복화철판소는 단수이 현지인들도 많이 찾는 로컬 식당으로, 비교적 저렴한 가격에 괜찮은 철판 코스 요리를 맛볼 수 있어 한국 여행객들 사이에서도 단수이 맛집으로 알려진 식당이다. 단품 메뉴도 많지만 가장 인기 있는 것은 2인 메뉴로 숙주와 양배추볶음에, 스테이크와 매콤한 새우볶음, 거기에 연어구이를 단돈 NT$550으로 즐길 수 있다.

원조 단수이 대왕 카스텔라를 맛볼 수 있는 곳
현고단고 現烤蛋糕 [시엔카오단가오] 🍴

주소 新北市淡水區中正路 145號 **위치** MRT 단수이(淡水)역 1번 출구에서 중정루(中正路)를 따라가면 라오제 끝(도보 10분) **시간** 11:00~19:00(평일), 9:00~21:00(주말) **가격** NT$90(원조 카스텔라), NT$130(치즈카스텔라) **홈페이지** www.originalcake.com.tw **전화** 02-2626-8592

단수이 라오제를 걷다 보면 길 양옆으로 사람들이 길게 줄을 서 있는 모습을 발견할 수 있는데 바로 대왕 카스텔라를 사기 위해 기다리는 사람들이다. 지금은 한국에서노 쉽게 만나 볼 수 있지만 확실히 단수이의 대왕 카스텔라를 맛보면 그 차이를 느낄 수 있다. 부드러우면서도 촉촉한 카스텔라는 이름답게 어마어마한 양을 자랑한다. 원조 카스텔라와 고소한 치즈가 들어간 치즈 카스텔라가 가장 인기 메뉴다. 좁은 길 사이로 건너편 집과 서로 원조라고 얘기하는 재미난 광경을 볼 수 있는데 빵 위에 물결 무늬가 없는 이곳이 원조다.

단수이 전통 어묵을 파는 곳
커커우위완 可口魚丸

주소 新北市淡水區中正路 232號 **위치** MRT 단수이(淡水)역에서 단수이 라오제의 중정루(中正路)를 따라가다
보면 오른쪽(도보 10분) **시간** 8:00~20:00 **가격** NT$35(위완탕[魚丸湯]) **전화** 02-2623-3579

대왕 카스텔라가 생기기 전까진 단수이 라
오제에서 가장 사람이 많던 곳으로, 단수이
전통 어묵을 파는 곳이다. 1967년에 문을
열어 벌써 50년 넘게 3대가 이어서 운영하
고 있다. 대표 메뉴는 위완탕魚丸湯으로 돼
지고기 뒷다리와 돛새치로 속을 채운 어묵

이 탱글탱글하면서
샤오롱바오처럼 안
에서 육즙이 새어
나오는 것이 특징
이다. 똑같이 속을 채
운 고기만두도 인기가 많다.

단수이의 명물 톄단을 판매하는 곳
아포톄단 阿婆鐵蛋

주소 新北市淡水區中正路 135之 1號 **위치** MRT 단수이(淡水)역에서 단수이 라오제의 중정루(中正路)를 따라
가다 보면 왼편(도보 10분) **시간** 9:00~22:00 **가격** NT$100(톄단) **전화** 02-2625-1625

얼핏 보면 메추리알 같은 톄단鐵蛋은 선물용
으로 인기가 많은 단수이 명물이다. 톄단 제
조 방법은 손이 많이 가기로 유명한데 간장
과 얼음 설탕, 중약中藥, 오향을 넣고 3시간
동안 삶은 후 다시 천천히 말리는 과정을 1주

일간 계속 반복해야만 비로소 고소한 톄단
이 만들어진다. 맛은 오향 맛과 매콤한 맛 두
가지며 유통 기한은 3개월이다. 톄단 말고도
단수이 명물인 생선 과자도 함께 판매하고
있다.

커피 누가 크래커가 인기인 곳
세인트 피터 SAINT PETER 聖比德

주소 新北市淡水區中正路 129號 **위치** MRT 단수이(淡水)역 1번 출구에서 해안가를 따라가면 바로(도보 7분)
시간 12:00~19:00 **가격** NT$220(한 상자) **홈페이지** www.sp-nougat.com.tw **전화** 0910-650-181

단수이에서 누가 크래커 맛집으로 뜨고 있는 세인트 피터다. 일반 누가 크래커도 맛있지만 가장 인기 있는 메뉴는 커피 누가 크래커로, 알맞은 사이즈의 크래커 사이로 커피 향의 달콤한 누가가 들어가 있다. 개별 포장에 박스에 담겨져 있어서 선물용으로도 구입하기 좋으며 타이베이 101 빌딩 지하 1층 마켓에서도 구입이 가능하지만 단수이가 조금 더 저렴하다. 유통 기한은 30일이다.

동남아 리조트에 온 듯한 분위기의 레스토랑
용제수만 榕堤水灣 [롱디수이완]

주소 新北市淡水區中正路 229-9號 **위치** 단수이 부두에서 위런마타우 방향으로 직진하고 스타벅스 지나서 바로 **시간** 12:00~21:30 **가격** NT$180~(음료), NT$350~(식사) (SC 10%) **홈페이지** www.waterfront. com.tw **전화** 02-2629-0052

탁 트인 야외에서 여유롭게 단수이의 아름다운 노을을 보고 싶다면 용제수만에 가 보자. 단수이 강변을 따라 쭉 올라가다 보면 길게 늘어진 용수 나무 옆으로 이국적인 인테리어의 용제수만이라는 마치 동남아의 고급 리조트에 온 듯한 기분을 만끽할 수 있게 하는 레스토랑이 있다. 안으로 들어서면 총 3구역으로 나뉘어 있는데 야외 테라스 쪽이 바로 단수이 강변의 경관을 가까이서 감상할 수 있는 명당자리다. 식사 외에도 커피, 차는 물론 열대 과일 음료와 애프터눈 티 세트도 판매하고 있어 부담 없이 편하게 쉬어 갈 수 있다.

건물마다 단수이의 역사가 담긴 곳
홍마오청 紅毛城

주소 新北市淡水區中正路 28巷 1號 **위치** MRT 단수이(淡水)역에서 紅26번 버스 타고 홍마오청(紅毛城) 정류장에서 내린 후 도보 5분 **시간** 9:30~17:00(월~금), 9:30~18:00(토, 일) **휴관** 매월 첫째 주 월요일, 국가 공휴일 다음 날 **요금** NT$80 **전화** 02-2623-1001

붉은 외관의 홍마오청은 1628년 타이완을 점령했던 스페인이 지은 건축물로 당시에는 포트 산도밍고(Fort San Domingo)라고 불렸다. 이후 1642년 네덜란드인들의 지배를 받으면서 네덜란드인을 뜻하는 '붉은 머리카락'인 홍마오에서 이름을 따와 홍마오청으로 부르게 됐다. 19세기 후반에는 영국 영사관으로 사용되다 1980년 국가 고적 1급으로 지정됐다. 요새 형식의 사각형 건물인 본관, 붉은색 벽돌과 아치형 복도가 인상적인 별관에서 단수이의 역사를 엿볼 수 있다. 날씨가 맑은 날이면 붉은 건물에 푸른 정원과 하늘을 배경으로 인생 사진을 남기기에 좋은 장소로 애용되고 있다.

영화 〈말할 수 없는 비밀〉 촬영지
진리대학 真理大学 [전리다쉐]

주소 新北市淡水區真理街 32號 **위치** MRT 단수이(淡水)역에서 紅26번 버스 타고 홍마오청(紅毛城) 정류장에서 내린 후 도보 5분 **시간** 8:00~23:00 **홈페이지** www.au.edu.tw **전화** 02-2621-2121

국가 고적 2급의 진리대학은 1872년 캐나다에서 건너온 선교사 매케이 씨가 세운 타이완 최초의 대학이다. 사실 관광객들이 특별할 것 없는 대학교를 찾는 이유는 바로 영화 〈말할 수 없는 비밀〉 때문이다. 바로 옆에 붙어 있는 담강고등학교와 함께 영화 속 촬영지로 유명해져서 관광 코스로도 인기를 얻고 있다. 영화를 재미있게 본 사람이라면 담강고등학교와 함께 꼭 놓치지 말고 방문해보자.

배우 주걸륜의 모교이자 〈말할 수 없는 비밀〉의 촬영지

담강고등학교 淡江高級中學 [단지앙가오지중쉐]

주소 新北市淡水區真理街 26號 **위치** MRT 단수이(淡水)역에서 紅26번 버스 타고 훙마오청(紅毛城) 정류장에서 내린 후 진리대학 방향으로 직진한 뒤 진리대학 정문에서 전리제(真理街)를 따라 직진하다 왼편 **시간** 9:00~16:00 *개방 시간 외에는 교정에 들어갈 수 없음 **홈페이지** www.tksh.ntpc.edu.tw **전화** 02-2620-3850

영화 〈말할 수 없는 비밀〉로 단숨에 유명해진 담강고등학교다. 실제 영화 감독이자 주연을 맡은 주걸륜의 모교로, 영화가 개봉한 지 벌써 10년이 지났지만 여전히 영화 속 촬영지를 방문하려는 사람들의 발길이 끊이질 않고 있다. 학교를 찾는 사람들이라면 누구나 영화 속 흔적을 찾아 기념 사진을 찍고 싶어 하지만 학생들의 수업을 위해 교

내 입장을 엄격히 제한하고 있다. 주말 역시 수업이 있을 경우에는 출입이 금지될 수 있으니 꼭 방문하고 싶다면 방학 기간이나 일요일에 찾아가는 것이 좋다.

미니 백악관이라 불리는 국가 고적

소백궁 小白宮 [샤오바이궁]

주소 新北市淡水區真理街 15號 **위치** MRT 단수이(淡水)역에서 紅26번 버스 타고 샤오바이궁(小白宮) 정류장에서 내린 후 도보 5분 **시간** 9:30~17:00(월~금), 9:30~18:00(토, 일) **휴관** 매월 첫째 주 월요일 **요금** 훙마오청 티켓 소지 시 무료 **전화** 02-2628-2865

담강고등학교를 지나 단수이 부두 쪽으로 향하다 보면 오른쪽에 소백궁이 나온다. 건물의 외관 때문에 '미니 백악관'이라고도 불리는 이곳은 현재 국가 고적 3급으로 지정돼 있으며 흰색의 소백궁 앞으로 단수이 강가와 건너편의 바리八里가 한눈에 들어오는 탁 트인 경관 때문에 날씨가 좋은 날이나 주말이면 웨딩 촬영 장소로 인기가 많다. 훙마오청 입장권이 있으면 무료로 관람이 가능하다.

로맨틱한 노을이 장관을 이루는 곳
위런마터우 漁人碼頭

주소 新北市淡水區沙崙里觀海路 199號 **위치 ❶** MRT 단수이(淡水)역에서 紅26번, 836번 버스를 타고 위런마터우(漁人碼頭) 정류장에서 하차(약 20분 정도 소요) **❷** 단수이 선착장에서 페리 타고 위런마터우(漁人碼頭) 선착장에서 하차(요금은 편도 NT$60원, 이지카드 사용 가능) **시간** 외부 24시간 개방 **전화** 02-2805-8476

마두碼頭는 중국어로 '항구'를 뜻하는 단어로 위런마터우는 단수이의 제2 항구로 어부들의 배가 드나들던 곳이다. 지금은 항구로서의 기능은 거의 사라지고 리조트와 요트들이 들어선 데이트 스폿으로 주목받고 있다. 특히 해가 질 무렵 위런마터우는 로맨틱한 노을을 보려는 연인들과 관광객들로 분주해진다. 버스를 타고 이동해서 천천히 해안가를 따라 산책하면서 감상하는 것도 좋지만 단수이에서 위런마터우 방향 페리를 타고 바다 위 수평선 위로 붉은 노을을 바라보는 것도 또 하나의 방법이다. 노을이 지면 '연인의 다리情人橋'에 빛나는 조명이 들어오는데 커플들은 연인과 함께 다리를 건너면 헤어지지 않는 다고 하여 단수이의 아름다운 노을을 본 후 꼭 연인의 다리를 함께 건넌다고 한다.

대왕 오징어튀김이 원조인 곳

바리 八里 [빠리]

주소 新北市八里區 **위치** 단수이 부두에서 페리 타고 이동(10분 정도 소요) **요금** NT$34(페리 편도) *이지 카드 사용 가능

단수이 건너편에 위치한 바리는 항상 사람들로 붐비는 단수이와는 다른 모습을 볼 수 있는 매력적인 곳이다. 페리를 타고 건너가면 조용한 산책길과 공원, 해안가를 따라 길게 이어진 자전거 도로는 바리의 자랑거리다. 북적한 단수이 해안가와는 다르게 비교적 한적해서 여유롭게 산책을 즐기려는 시민들의 사랑을 받고 있다. 도로 쪽으로 조금만 올라가면 바리의 먹거리인 대왕 오징어튀김을 맛볼 수 있는데, 이제는 다른 관광지

에서도 쉽게 볼 수 있는 대왕 오징어튀김의 원조가 바로 이곳이다. 예전에는 대왕 오징어튀김을 먹으려고 일부러 바리를 찾는 관광객들이 있을 정도였으니 꼭 한 번 먹어 보고 오자.

바오나이나이화즈사오 寶奶奶花枝燒 🍴

주소 新北市八里區渡船頭街 26號 **위치** 바리 부두에서 내려 앞으로 직진하면 왼쪽(도보 2분) **시간** 9:00~22:00 **가격** NT$100(대왕 오징어튀김 小), NT$150(대왕 오징어튀김 大) **홈페이지** bownana.toyou.tw **전화** 02-2610-4071

바리에서 빼놓을 수 없는 명물인 대왕 오징어튀김의 원조. 확실히 대왕 오징어튀김의 원조답게 사이즈에서부터 압도적이다. 마치 오징어 한 마리에 튀김옷을 입혀 그대로 튀긴 듯한 비주얼이 보고만 있어도 군침이 돌 정도다. 황금색 튀김옷이 입혀진 오징어는 먹기 좋게 잘라 그 위에 마요네즈와 가쓰오부시 소스를 섞어 뿌린 후 한 입 먹으면 그

야말로 맥주가 절로 생각나게 된다. 대왕 오징어튀김 외에도 고구마, 새우, 생선 등 다양한 튀김들이 수북하게 쌓여 있어 어떤 것을 골라야 할지 행복한 고민에 빠지기 쉽다.

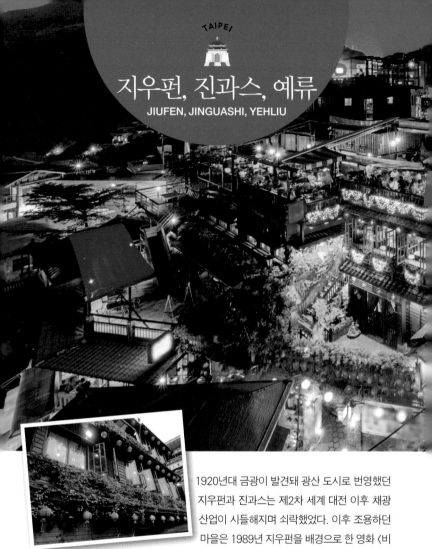

지우펀, 진과스, 예류
JIUFEN, JINGUASHI, YEHLIU

1920년대 금광이 발견돼 광산 도시로 번영했던 지우펀과 진과스는 제2차 세계 대전 이후 채광 산업이 시들해지며 쇠락했었다. 이후 조용하던 마을은 1989년 지우펀을 배경으로 한 영화 〈비정성시〉가 베니스 영화제에서 그랑프리 수상을 하며 다시 사람들의 발길이 이어지기 시작했고, 지금은 타이베이 근교 여행지 중 가장 유명한 관광지로 항상 사람들로 인산인해를 이룬다. 옛 모습을 간직한 거리에는 다양한 샤오츠들과 간식들 그리고 전통차를 판매하는 다예관들이 들어서 있으며 오후 5시 이후 땅거미가 지면 지우펀의 상징과도 같은 붉은 홍등이 하나둘씩 불이 켜지며 골목을 밝힌다.

홍등은 오후 5시 이후에 켜지기 때문에 시간 체크를 잘 하고 가는 것이 좋다. 워낙 사람들이 많아서 저녁에 타이베이로 돌아오는 버스에는 항상 만원이라 이럴 땐 서서 타이베이까지 가는 것보다 루이팡에 내린 후 기차를 타고 타이베이로 가는 것이 좋다. 조용한 지우펀을 만나 보고 싶다면 지우펀에서 1박을 해 보자.

다른 지역에서 오는 방법

타이베이 : MRT 중샤오푸싱역 2번 출구로 나와 오른쪽으로 직진 후 나오는 버스 정류장에서 1062번 버스 탑승(약 90분 정도 소요 / 편도 요금 NT$101)

루이팡 : 루이팡 기차역을 나와 왼쪽으로 직진하다 건너편 버스 정류장에서 788, 827, 856,1062번 버스 탑승(약 15분 정도 소요 / 편도 요금 NT$15 *이지 카드 사용 가능)

예류 : 예류 버스 정류장에서 790, 862번 버스 타고 지룽에서 하차 후 육교 건너편 버스 정류장으로 가서 788번 버스 탑승(총 70분 정도 소요 / 요금 NT$30 *이지 카드 사용 가능)

예류 가는 법

타이베이 기차역 M2 출구로 나와 국광버스 터미널에서 1815번 버스 탑승 후 예류에서 하차 (약 90분 소요 / 요금 NT$102)

지우펀, 진과스, 예류

N
W · E
S

진과스형
버스 정류장

티아베이,
루이팡행
버스 정류장

승광청희원
昇平戱院
지우펀차방
九份茶坊

이얼싼샹
二三巷

어완바이지
魚丸伯仔
진청타오 피즈
是誠陶笛

티아베이,
루이팡행
버스 정류장

진과스형
버스 정류장

지우펀 아이스크림
九份古早味

흑당흑점
黑糖蒸糕

지우펀 누가 크래커

쿵광쳬지
基山街

지우펀 타로
九份芋圓
阿柏芋圓

금석공방
金石工坊

아건더(위위안)
阿柑姨芋圓

SIIDCHA

진과스형
버스 정류장

티아베이, 루이팡행
버스 정류장

닝수이랭
버스 정류장

7-Eleven

85C 데일리 카페
85C Daily Café

새로 얼레드
7-Eleven

예류 오선 월드
野柳海洋世界

예류 지질공원
野柳地質公園

황금 폭포
黃金瀑布

13충 유적지
十三層遺址

태자빈관
太子賓館

권제이탕
勸濟堂

쿵광식당
礦工食堂

황금 박물관
黃金博物館

지우펀, 진과스, 예류 일대 BEST COURSE

대중적인 코스

타이베이 근교 지역의 핵심 관광지인 예진지(예류, 진과스, 지우펀)를 하루에 둘러보는 가장 기본적인 코스로, 각 지역의 명물을 맛보고 멋진 경치를 감상할 수 있는 다예관에서 따뜻한 차를 즐겨 보자.

자연이 만든 신비로운 공원

예류 지질 공원 野柳地質公園 [예리우디즈공위안]

주소 新北市萬里區野柳里港東路 167-1號 **위치** 예류 버스 정류장에서 도보 10분 **시간** 8:00~17:00(5~9월 18시까지) **가격** NT$80(성인), NT$40(어린이) **홈페이지** www.ylgeopark.org.tw **전화** 02-2492-2016

타이베이 북부에 위치한 예류 지질 공원은 오랜 세월 암석의 풍화와 침식 작용, 지각 운동으로 인해 만들어진 신비로운 자연 경관을 간직하고 있는 인기 관광 명소다. 해안가를 따라 천천히 지질 공원의 조각들을 보고

있으면 마치 SF 영화 속에 들어온 듯한 느낌을 받는다. 예류 지질 공원은 크게 세 구역으로 나뉘어 있으며 고대 이집트 네페르티티를 닮은 여왕 머리 바위는 제2 구역에 있다. 최근 들어 여왕 머리의 목이 점점 가늘어져 직접 만질 수 없지만 기념사진을 찍으려는 사람들로 항상 인산인해를 이룬다.

지우펀의 시작

지산제 基山街

주소 新北市瑞芳區基山街 **위치** 지우펀라오제(九份老街) 정류장에서 하차 후 버스 진행 방향으로 직진하면 7-11 옆에서 시작

지우펀라오제 정류장에서 내려 비탈길을 따라 조금만 올라가면 7-11 옆으로 골목이 하나 눈에 들어오는데 이곳이 바로 지우펀 여행의 시작과 같은 지산제. 좁은 골목을 따라 구불구불 길게 뻗어 있는 거리에는 땅콩 아이스크림, 위위안芋圓 등 지우펀의 이름난 맛집들과 아름다운 소리의 오카리나 같은 특색 있는 기념품 가게들이 몰려 있다. 다양한 간식거리들을 맛보면서 천천히 둘러보자.

60년 영업을 이어 온 타이완식 어묵집
어환백자 魚丸伯仔 [위완보어즈] 🍴

주소 新北市瑞芳區基山街 17號 **위치** 지산제(基山街)를 따라 걷다 보면 왼쪽 **시간** 10:00~19:00 **가격** NT$ 30(위완탕[魚丸湯]), NT$30(간동편[乾冬粉]) **전화** 02-2496-0896

지우펀에서 벌써 60년 넘게 영업하고 있는 어환백자는 타이완식 어묵을 맛볼 수 있는 곳이다. 이곳의 어묵을 먹기 위해 멀리서 찾아오는 사람들도 있을 정도다. 대표 메뉴는 따뜻한 국물에 탱글탱글한 어묵이 들어간 위완탕魚丸湯으로 깔끔하고 담백한 맛이 일품이다. 녹두로 만든 간동편乾冬粉은 살짝 매콤해서 한국인들 입맛에도 잘 맞는다. 가격도 저렴하고 양도 제법 많아 한 끼 식사로도 손색이 없다.

아름답고 신비로운 소리, 오카리나 기념품점
스청타오디 是誠陶笛 🛒

주소 新北市瑞芳區基山街 8號 **위치** 지산제(基山街)를 따라 걷다 보면 오른쪽 **시간** 9:00~19:00 **가격** NT$ 100~(오카리나) **홈페이지** www.facebook.com/shih.cheng.ocarina **전화** 03-323-3041

지산제를 걷다 보면 어디선가 들려오는 아름다운 오카리나 소리에 발걸음이 멈춰지는 곳이 있다. 바로 수공예 오카리나를 판매하는 스청타오디다. 신비로운 소리에 이끌려 매장 안으로 들어가 보면 다양한 크기의 앙증맞은 오카리나를 판매하고 있는데, 가끔 사장이 직접 연주도 해 준다. 다른 곳에서는 쉽게 볼 수 없는 독특한 기념품이라서 인기가 많다. 오카리나를 구입하면 악보와 함께 연주법이 담긴 설명서도 함께 동봉해 준다.

땅콩의 고소함이 입안 가득 퍼지는 아이스크림이 대표 메뉴인 곳

땅콩 아이스크림 花生加冰淇淋 [화성지아빙치린] 🍴

주소 新北市瑞芳區基山街 20號 **위치** 지산제(基山街)를 따라 걷다 보면 오른쪽 **시간** 9:30~20:30 **가격** NT$40

지금은 다른 야시장이나 라오제에서 땅콩 아이스크림을 쉽게 먹어 볼 수 있지만 지우펀의 이곳이 원조의 맛에 가까운 곳이다. 이곳의 대표 메뉴이자 인기 메뉴는 땅콩 아이스크림인데, 얇은 밀전병 위에 시원한 아이스크림과 잘게 갈은 땅콩엿을 수북하게 올린 후 먹기 좋게 둘둘 말아 준다. 한 입 베어 물면 입안에 밀전병의 쫀득함과 땅콩엿의 고소함, 아이스크림의 시원한 달콤함이 어우러져 입안을 행복하게 해 준다. 고수를 못 먹는 사람이라면 주문할 때 '부야오 팡 샹차이不要放香菜'라고 이야기하면 된다.

가게 주인이 트레이드 마크인 소시지 가게

무적향장 無敵香腸 [우디샹창] 🍴

주소 新北市瑞芳區基山街 85號 **위치** 지산제(基山街)를 따라 걷다 보면 나옴 **시간** 10:00~20:00 **가격** NT$35(소시지) **전화** 02-2406-3179

지우펀의 명물인 소시지 가게지만, 소시지보다 오히려 주인 아주머니인 린후이민 씨 때문에 유명한 가게다. 항상 트레이드 마크인 꽃을 머리에 꽂은 아프로 헤어에 큼지막한 뿔테 안경을 쓰고 언제나 즐거운 모습으로 손님들을 맞아 주는 주인 아주머니는 여행자들을 위해서라면 소시지를 굽다가도 적극적으로 포즈를 취해 준다. 잘 구워진 소시지와 완자도 판매하고 있다.

달콤한 수제 누가 크래커 맛집
지우펀 누가 크래커 九份杏仁粉 [지우펀싱런펀]

주소 新北市瑞芳區基山街 55號 **위치** 지산제(基山街)를 따라 걷다 보면 왼쪽 **가격** NT$150(1박스) **홈페이지** www.facebook.com/joufunyouki **전화** 0931-394-553

한국 여행객들 사이에선 이미 입소문이 난 누가 크래커 맛집이다. 땅콩 아이스크림집을 지나 조금 걷다 보면 왼쪽에 나온다. 한국인들을 위해 특별히 한글이 적힌 안내판도 준비돼 있으며 가격은 1박스에 NT$150이며 1인당 최대 3박스까지 구입이 가능하다. 미미 크래커와는 다르게 크래커마다 개별 포장이 되어 있어서 다른 곳보다 유통 기한이 기니 오래 두고 먹을 수 있다.

차와 문화 예술이 함께 있는 곳
지우펀차팡 九份茶坊 [지우펀차팡]

주소 新北市瑞芳區基山街 142號 **위치** 지산제(基山街)를 따라 걷다 보면 오른쪽 **시간** 10:30~21:00 **가격** NT$400~(찻잎), NT$100(블렌딩 1인당) **홈페이지** www.jioufen-teahouse.com **전화** 02-2496-9056

지우펀과 함께 오래된 역사를 간직하고 있는 지우펀차팡은 화가 훙즈셩洪志胜 씨가 문을 연 찻집으로 차와 함께 문화 예술을 만나 볼 수 있는 곳이다. 소박하면서도 정갈한 아름다움이 느껴지는 실내에는 차와 다기들을 판매하고 있으며 테이블에서 차를 주문하면 화로에서 물을 끓여 줘 계속해서 따뜻하게 차를 마실 수 있다. 안쪽으로 들어가면 지우펀의 모습이 담긴 그림들이 걸려 있어 차를 마시지 않더라도 천천히 둘러보기 좋다.

명차와 오곡 차를 만날 수 있는 곳

시드차 SIIDCHA

주소 新北市瑞芳區基山街 166號 **위치** 지산제(基山街)를 따라가다 수치루(豎崎路)를 지나 계속 앞으로 가면 오른쪽 **시간** 11:30~19:00 **가격** NT$160~(음료) **홈페이지** www.siidcha.com.tw **전화** 02-2496-9976

지우펀의 오래된 찻집들과 다르게 모던하면서 감각적인 분위기가 느껴지는 시드차는 타이완에서 생산되는 명차와 건강한 오곡 차를 만날 수 있는 카페다. 낡은 콘크리트의 외부와는 다르게 실내는 오곡의 씨가 담긴 비커와 함께 깔끔한 화이트에 원목으로 꾸며져 밝고 편안한 느낌을 준다. 1층에서 건강한 음료 외에도 간단한 식사와 디저트도 판매하며 구입 전 시음도 가능하다. 2층과 3층 야외 테라스에서는 산자락과 먼 바다를 감상하며 여유롭게 쉬어 갈 수 있어 날씨가 좋은 날이면 사람이 넘친다.

많은 영화와 드라마에 등장한 명소

수치루 豎崎路

주소 新北市瑞芳區豎崎路 **위치** 지산제(基山街)를 따라가다 보면 나옴

지우펀을 이야기하면 누구나 비탈길 위로 붉은 홍등의 모습을 떠오르기 마련인데, 그 주인공이 바로 수치루다. 수치루는 지우펀의 옛 모습을 잘 간직하고 있는데 여기에 붉은 홍등이 그 매력을 더해 수많은 영화와 드라마에 등장하면서 지우펀 최고의 명소가 됐다. 수치루의 하이라이트는 땅거미가 지면 어두운 밤을 붉게 물들이는 홍등이다. 홍등을 배경으로 사진을 찍으면 보정이 따로 필요 없을 정도로 잘 나와 인생 샷을 찍으려는 사람들로 골목길은 발 디딜 틈 없이 붐빈다. 여유롭게 감상하고 싶다면 주변 다예관에서 차와 함께 즐기는 것을 추천한다.

일본의 복 고양이 마네키네코를 판매하는 곳

금석공방 金石工坊 [진스궁팡]

주소 新北市瑞芳區基山街83號 **위치** 지산제(基山街)를 따라 직진 **시간** 9:30~18:30(평일), 9:30~19:30(주말) **홈페이지** www.miaogift.com **전화** 02-8228-0217

일본식 목조 건물 스타일이 눈에 띄는 이곳은 각양각색의 일본 복 고양이 마네키네코를 판매하는 가게로, 열쇠고리부터 휴대 전화 케이스, 저금통, 아기자기한 인형들까지 온갖 기념품이 가득한 곳이다. 특히 행복, 성공, 건강, 평안, 사업, 행운을 비는 작은 마네키네코들은 귀엽고 깜찍할 뿐만 아니라 각각의 디테일이 잘 살아 있어 기념품은 물론 선물용으로도 인기가 많다.

지우펀의 대표 간식인 경단으로 유명한 집

아간이위위안 阿柑姨芋圓

주소 新北市瑞芳區豎崎路 5號 **위치** 지산제(基山街)를 따라가다 수치루(豎崎路)에서 위로 올라가면 나옴 **시간** 9:00~21:00 **가격** NT$60 **전화** 02-2497-6505

지우펀의 대표 간식거리인 위위안芋圓은 토란을 반죽해 만든 경단으로, 아간이위위안은 항상 사람들의 줄이 끊이질 않을 정도로 지우펀에서 가장 유명한 경단집이다. 몸에 좋은 고구마, 녹차 등을 사용해 떡처럼 쫄깃쫄깃하면서 재료의 맛이 살아 있어 남녀노소 누구나 좋아한다. 여름에는 얼음을 갈아 빙수처럼 시원하게 먹고, 겨울에는 달콤한 국물과 함께 즐겨 먹는다. 가게 안쪽으로 들어가면 창가 쪽에서는 지우펀이 내려다보여 전망이 뛰어나니 그냥 지나치지 말자.

일본 애니메이션 〈센과 치히로의 행방불명〉의 배경으로 유명한 곳

아메이차관 阿妹茶館

주소 新北市瑞芳區崇文里市下巷 20號　**위치** 지산제(基山街)를 따라가다 수치루(竪崎路)에서 아래로 내려가면 오른쪽　**시간** 8:30~24:00(평일), 8:30~25:00(금), 8:30~26:00(토)　**가격** NT$300~(찻잎)　**홈페이지** www.amei-teahouse.com.tw　**전화** 02-2496-0492

일본 애니메이션 〈센과 치히로의 행방불명〉 속 특유의 분위기가 매력적인 온천탕의 모티브로도 유명한 아메이차관은 지우펀에서 가장 유명한 찻집 중 한 곳이다. 차와 함께 지우펀의 아름다운 모습을 감상하고 싶다면 맨 위층으로 가 보자. 맨 위층에는 탁 트인 야외 테라스 자리가 마련돼 있는데 지우펀의 대표적인 명당자리로 여유롭게 차를 마시며 아름다운 전경과 바다 풍경을 감상할 수 있다. 1인당 차 가격은 NT$300부터며 찻잎을 따로 주문한 후 여럿이서 함께 마실 경우 1인당 NT$100의 블렌딩 비용이 추가된다.

일제 시절 타이완에서 가장 큰 규모의 극장이었던 곳
승평희원 昇平戲院 [성핑시위안]

주소 新北市瑞芳區豎崎路 **위치** 수치루(豎崎路)를 따라 내려가다 보면 왼쪽 **전화** 02-2960-3456

1914년에 문을 연 승평희원은 일제 시절 타이완에서 가장 큰 규모의 극장이었다. 그러나 골드러시가 끝나고 지우펀에 살던 마을 주민들이 하나둘씩 떠나면서 자연스레 문을 닫게 됐다. 이후 영화 〈비정성시〉가 국제적으로 유명해지고 촬영지로 알려지면서 다시 사람들의 발길이 이어지기 시작했다. 승평희원 안으로 들어가면 중앙에 나무로 된 연극 무대와 의자 등 옛날에 번영했던 50~60년대의 분위기를 그대로 재현해 놓았다. 지금은 신베이시 정부의 프로젝트로 영화관으로 새롭게 단장 중이다.

진과스의 명물로 꼽히는 도시락 패키지
광공식당 礦工食堂 [쾅궁스탕]

주소 新北市瑞芳區金光路 8之 1號 **위치** 황금 박물관 입구에서 태자빈관 쪽으로 가다 보면 오른쪽 **시간** 9:00~17:00(주말 18:00까지) **가격** NT$290(광부 도시락[礦工便當]) *도시락 케이스 미 포함시 NT$180 **홈페이지** www.funfarm.com.tw **전화** 02-2496-1820

진과스의 명물로 꼽히는 광부 도시락을 파는 곳이다. 옛날 광부들이 사용하던 도시락을 콘셉트로 하얀 쌀밥에 두툼한 돼지고기튀김을 도시락 통에 담고 진과스의 지도가 그려진 보자기에 싸서 젓가락과 함께 패키지처럼 나온다. 사실 특별할 거 없는 아주 간소한 메뉴지만 옛날 아날로그 감성을 잘 살려 많은 인기를 얻고 있다. 다 먹은 후 도시락 통과 보자기는 가져올 수 있으며 광부 도시락 외에도 우육면, 파스타 같은 식사 메뉴와 커피, 밀크티 등도 판매하고 있다.

일제 강점기 시절 일본의 히로히토 왕세자 별장
태자빈관 太子賓館 [타이즈빈관]

주소 新北市瑞芳區金瓜石金光路 8號 **위치** 황금 박물관 원구 내에서 황금 박물관으로 가는 길 **시간** 9:30~17:00(화~금), 9:30~18:00(주말) **휴관** 월요일 **전화** 02-2496-2800

일제 강점기 시절인 1922년 일본의 히로히토 왕세자를 위해 지어진 별장이다. 타이완에서 손꼽히는 목조 건축물인 태자빈관은 전형적인 일본식 건축 양식에 서양 스타일을 혼합해 지어져 고풍스러우면서도 우아한 자태를 뽐내고 있다. 비록 실내는 들어갈 수 없지만 고목나무와 연못이 잘 어우러진 고즈넉한 정원을 둘러보며 가볍게 산책하기 좋다.

옛 황금 도시 진과스의 역사를 이해할 수 있는 곳
황금 박물관 黃金博物館 [황진보우관]

주소 新北市瑞芳區金瓜石金光路 8號 **위치** 태자빈관 옆 계단을 이용해서 올라온 후 왼쪽으로 직진 **시간** 9:30~17:00(월~금), 9:30~18:00(주말) **휴관** 매월 첫째 주 월요일(만약 국가 지정 공휴일이면 다음 날 휴관), 음력 설 전날, 음력 설 **요금** NT$80 **전화** 02-2496-2800

과거 채광 산업으로 번영을 누렸던 황금 도시 진과스의 역사를 이해할 수 있도록 꾸며진 박물관으로 진과스 여행의 하이라이트라고 할 수 있다. 박물관 안으로 들어서면 광부들이 당시 사용했던 장비들과 역사, 광업 관련 문물들이 전시돼 있다. 2층으로 올라가면 황금 박물관의 상징과도 같은 순도 99.9%에 무게가 220kg에 달하는 세계에서 가장 무거운 금괴가 전시돼 있다. 금괴는 손으로 직접 만질 수 있도록 유리 박스 양쪽으로 구멍이 뚫려 있는데 금괴를 만진 손을 호주머니에 넣으면 부자가 된다는 이야기로 항상 사람들로 북적인다.

진과스의 대표적인 볼거리 중 하나
황금 폭포 黃金瀑布 [황진푸부]

주소 台灣新北市瑞芳區金水公路 **위치** 황금 박물관 입구에서 891번 버스타고 황진푸부(黃金瀑布) 정류장에서 하차, 혹은 도보 15분

여러 층의 황금색 바위 위로 폭포수가 흐르는 신비로운 모습을 간직한 황금 폭포는 진과스의 대표적인 볼거리 중 하나다. 가까이 다가가서 보면 황금색이 더욱 선명해 보이는데 이는 진과스의 광물이 섞인 모래가 침전되고 산화 작용을 거쳐 지금처럼 황금색을 띠게 된 것이다. 규모는 크지 않지만 어디에서도 볼 수 없는 모습으로 출사지로도 인기가 많다. 폭포수는 광물이 함유돼 강한 산성

을 띠고 있으니 직접 손으로 만지지 않는 것이 좋다.

과거 금광 도시의 흔적을 보여 주는 유적지
13층 유적 十三層遺址 [스싼청이즈]

주소 台灣新北市瑞芳區十三層遺址 **위치** 쉐난동(水湳洞) 주차장 정류장에서 하차 후 도보 5분

황금 폭포를 지나 조금 더 내려가다 보면 오른쪽 산기슭에 시간이 멈춘 듯한 모습의 거대한 건물이 나오는데 이곳이 바로 13층 유적이다. 13층 유적은 일제 식민지 시절 광산 공장으로 쓰였던 곳으로, 과거 금광 도시로 번영했던 흔적을 반영하듯 엄청난 규모를 자

랑한다. 골드러시가 지나고 하나둘씩 떠나면서 13층 유적도 자연스레 사람의 발길이 끊어져 지금의 모습으로 남게 됐다. 푸르른 산속에 버려진 건물의 신비로운 모습 때문에 뮤직비디오 촬영지로 인기가 많다.

탄광이 발달하면서 석탄 수송 수단이자 주민들의 발이 되어 주었던 핑시선 기차는 탄광업이 몰락하면서 사라질 위기에 처했었다. 이후 타이완 정부의 노력으로 소원을 싣고 떠나는 낭만 기차 여행으로 변모해 지금은 타이완의 대표 관광지로 자리매김했다. 총 12km 구간의 오래된 기찻길을 따라 아름다운 자연 경관과 소박한 옛 모습을 고스란히 간직하고 있는 12개의 마을은 시골 마을에 놀러 온 듯한 향수를 느끼게 해 준다. 고양이 마을인 허우둥, 철로 위에서 천등을 날리는 스펀, 매년 초 수천 개의 천등이 하늘을 밝히는 핑시, 핑시선의 종점인 징퉁이 가장 유명하다.

 로컬 기차라 1시간에 1대밖에 없어 미리 기차 스케줄을 확인하는 것이 좋다. 기차는 지정석이 아닌 자유석이기 때문에 빈자리를 찾기가 쉽지 않다. 그렇기 때문에 기차의 종점인 징통까지 갈 계획이면 다른 마을을 먼저 둘러보고 마지막으로 징통을 둘러보면 돌아올 때 앉아 올 수 있다.

핑시선 기차 스케줄 확인하기

www.railway.gov.tw에 접속 후 오른쪽 상단 Language에서 한국어로 변경 후 조회 가능

다른 지역에서 오는 방법

타이베이 : 타이베이 기차역에서 루이팡瑞芳 행 기차를 탑승한다. 요금은 기차 종류에 따라 NT$49~76이며 이지 카드로 탑승이 가능하다. 루이팡에 내린 후 핑시선 플랫폼으로 가면 된다. 모든 구간은 이지 카드 사용이 가능하며 루이팡 매표 창구에서는 핑시선 1일권도 따로 판매한다.

지우펀 : 지우펀 버스 정류장에서 788번, 1062번 버스 탑승 후 루이팡瑞芳에서 하차 후 루이팡 기차역에서 핑시선 기차 탑승한다.

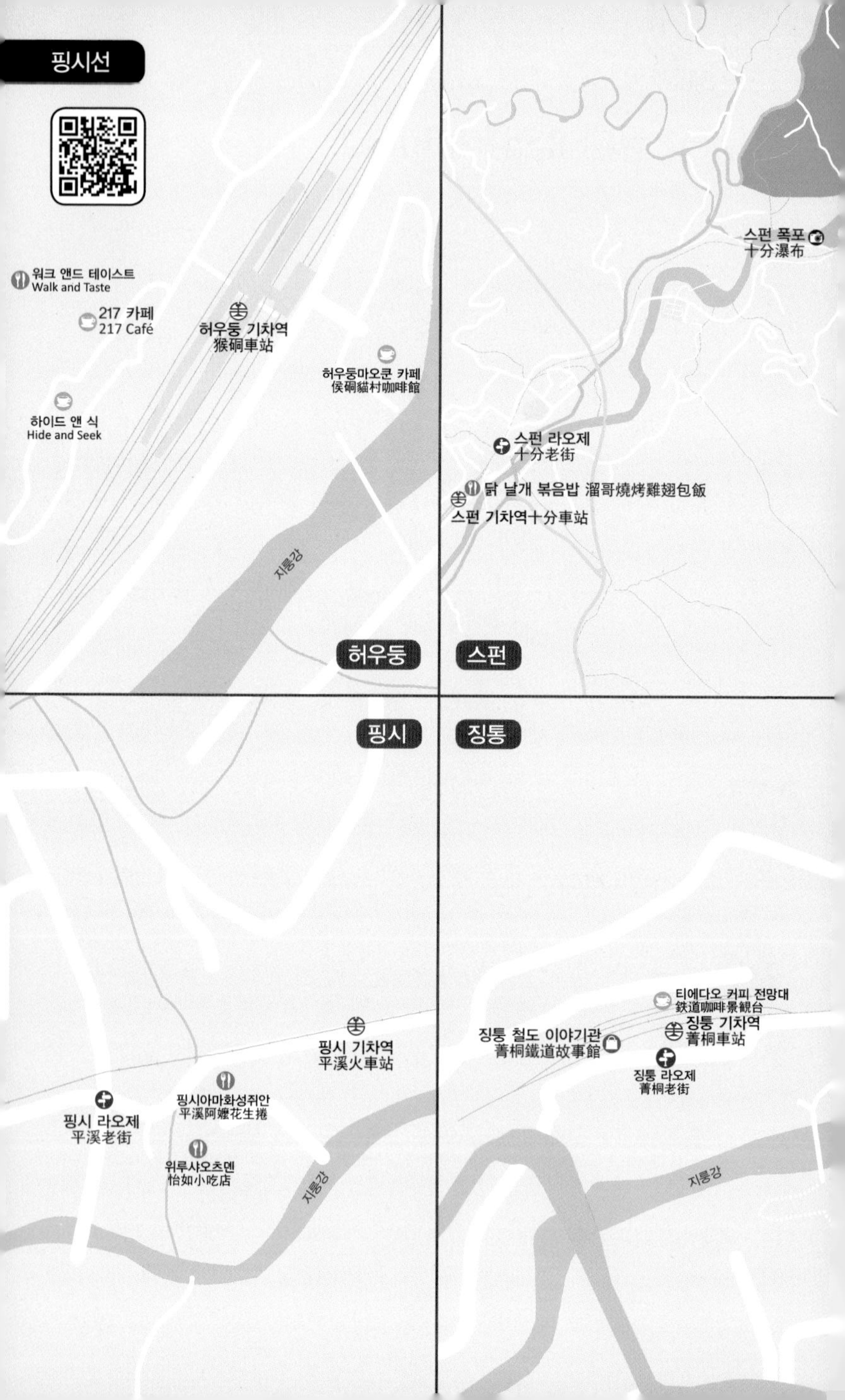

🚻 워크 앤드 테이스트
Walk and Taste

☕ 217 카페
217 Café

🚉 허우둥 기차역
猴硐車站

☕ 허우둥마오쿤 카페
侯硐貓村咖啡館

☕ 하이드 앤 식
Hide and Seek

지룽강

스펀 폭포
十分瀑布

✦ 스펀 라오제
十分老街

🚻 닭 날개 볶음밥 溜哥燒烤雞翅包飯
스펀 기차역 十分車站

🚉 핑시 기차역
平溪火車站

🚻 핑시아마화성쥐안
平溪阿嬤花生捲

✦ 핑시 라오제
平溪老街

🚻 위루샤오츠뎬
怡如小吃店

지룽강

☕ 티에다오 커피 전망대
鐵道咖啡景觀台

🏛 징통 철도 이야기관
菁桐鐵道故事館

🚉 징통 기차역
菁桐車站

징통 라오제
菁桐老街

지룽강

핑시선 일대 BEST COURSE

허우둥 기차역
217 카페

닭 날개 볶음밥 · 스펀 라오제
스펀 기차역

핑시 라오제
핑시 기차역
징퉁 기차역

대중적인 코스

로컬 기차를 타고 핑시선에서 가장 인기 있는 마을들을 둘러
보는 코스다.

허우둥 기차역 ···도보 5분···→ 217 카페 ···기차 20분···→ 스펀 라오제

징퉁 기차역 ←···기차 4분··· 핑시 라오제 ←···기차 14분··· 닭 날개 볶음밥

도보 5분

마을 주민과 길 고양이가 공존하는 마을

허우둥 猴硐

주소 新北市瑞芳區柴寮路 70號 **위치** 루이팡 기차역(瑞芳火車站)에서 핑시선(平溪線)을 타고 허우둥 기차역(猴硐火車站)에서 하차

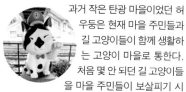

과거 작은 탄광 마을이었던 허우둥은 현재 마을 주민들과 길 고양이들이 함께 생활하는 고양이 마을로 통한다. 처음 몇 안 되던 길 고양이들을 마을 주민들이 보살피기 시작하면서 그 수가 점차 늘어났고 지금은 마을 주민들에게 보답이라도 하듯 고양이들을 보려는 관광객들의 발길이 이어지고 있다.

고양이 마을답게 조그마한 대합실에서부터 한가롭게 어슬렁거리는 고양이들을 만날 수 있으며 마을 곳곳에서 고양이와 관련된 상품들을 볼 수 있으니 고양이를 좋아하는 사람에게는 그야말로 천국 같은 곳이다.

217 카페 217 Café

주소 新北市瑞芳區柴寮路 217號 **위치** 허우둥 마을 쪽으로 나간 후 왼쪽으로 직진(도보 5분) **시간** 10:30~18:00 **가격** NT$80(아메리카노) **홈페이지** www.facebook.com/217 cafe **전화** 0932-336-313

허우둥 마을 쪽으로 나와 왼쪽으로 걷다 보면 마을이 내려다보이는 제일 높은 곳에 위치한 217 카페는 다른 카페들처럼 217번지의 주소를 그대로 이름으로 쓰고 있다. 고양이 마을 카페답게 안으로 들어가면 마을 지도부터 그림, 엽서, 팬시 등 고양이와 관련된

아기자기한 소품들과 기념품들로 가득한데 놀라운 것은 모두 이곳 사장이 직접 디자인하고 만든 제품들이라는 것이다. 입구 옆에는 야외 테이블이 마련돼 있어 기차역 주변 전경을 한눈에 감상할 수 있다.

천등 날리는 곳으로 유명한 곳

스펀 라오제 十分老街 [스펀라오제]

주소 新北市平溪區十分老街 **위치** 루이팡 기차역(瑞芳火車站)에서 핑시선(平溪線)을 타고 스펀 기차역(十分火車站)에서 하차 **가격** NT\$150(천등 단색), NT\$200(4색)

옛 주택들 사이로 지나가는 철도와 소원을 적어 하늘에 올려 보내는 천등 때문에 유명한 스펀은 핑시선의 하이라이트로 주말이면 항상 인산인해를 이루는 곳이다. 스펀 라오제에 들어서면 기찻길 양옆으로 천등과 기념품을 판매하는 가게와 간식거리를 파는 식당들이 즐비하다. 천등에는 각 색마다 의미가

따로 정해져 있는데 한국인들을 위해 한글로도 적혀 있으니 원하는 색상을 골라 소원을 적고 천등을 날려 보자. 가격은 정찰제로 어느 가게를 가도 동일하다.

속이 시원할 정도로 거침없는 폭포수

스펀 폭포 十分瀑布 [스펀푸부]

주소 新北市平溪區南山里乾坑 1號 **위치** 스펀 라오제에서 도보 20분 **시간** 9:00~16:30 **홈페이지** admin.taiwan.net.tw **전화** 02-2495-8409

스펀 라오제에서 제법 떨어진 거리에 위치한 스펀 폭포는 천등과 함께 스펀이 자랑하는 볼거리다. 거대한 규모는 아니지만 12m 높이에서 떨어지는 물줄기를 보고 있으면 가슴속까지 시원한 느낌이 들 정도다. 햇빛이 좋

은 날에는 폭포 아래 물안개 위로 아름다운 무지개가 피어나는 풍경을 볼 수 있다. 일년 내내 비가 많이 오기 때문에 언제나 세차게 떨어지는 폭포의 모습을 감상할 수 있다.

닭 날개 볶음밥 溜哥燒烤雞翅包飯 [리우거샤오카오지츠바오판]

주소 新北市平溪區十分老街 52號 **위치** 스펀 기차역(十分火車站)에서 내려 스펀 라오제 방향으로 가면 왼쪽(도보 1분) **시간** 10:00~20:00 **가격** NT$65 **홈페이지** www.facebook.com/Liouge **전화** 02-2495-8200

괜찮은 식당이 없는 스펀에서 허기진 배를 채우기 좋은 곳으로 일명 '닭 날개 볶음밥'으로 불리는 스펀의 명물 가게다. 큼지막한 닭 날개에 뼈를 바르고 볶음밥으로 속을 채웠는데 대만 특유의 향신료 향이 적고 매콤한 맛이 은근히 중독적이다. 김치와 취두부가 들어간 김치 취두부 맛, 햄, 달걀, 채소가 들어간 볶음밥 맛 두 가지 종류가 있는데 한국인들 입맛에는 볶음밥 맛이 비교적 잘 맞는다. 보통 맛과 매운맛 선택이 가능하며 스펀 기차역을 나와 철도길이 있는 스펀 라오제로 조금만 가다 보면 왼쪽에 나온다.

천등 날리는 영화 촬영지로 유명한 곳

핑시 라오제 平溪老街 [핑시라오제]

주소 新北市平溪區靜安路 2段 **위치** 루이팡 기차역(瑞芳火車站)에서 핑시선(平溪線)을 타고 핑시 기차역(平溪火車站)에서 하차

핑시 라오제는 오래된 건물들이 아직 남아 있어 소박한 시골 마을 풍경을 그대로 볼 수 있다. 평소에는 한적한 핑시 라오제지만 정월 대보름이 되면 수만 개의 천등을 동시에 날려 어둑한 밤하늘을 밝히는 천등 축제에 참여하는 인원들로 인산인해를 이룬다. 마을의 분위기 때문에 영화 촬영지로 인기가 많다. 대표적으로 〈타이베이에 눈이 내리면〉의 대부분을 이곳에서 촬영했으며 한국에서도 유명한 〈그 시절, 우리가 좋아했던 소녀〉에서 남자 주인공이 여자 주인공에게 고백하면서 함께 천등 날리는 곳이 바로 핑시 라오제다.

80년의 역사를 간직한 종착역

징통 기차역 菁桐火車站 [징통훠처잔]

주소 新北市基隆市平溪區 **위치** 루이팡 기차역(瑞芳火車站)에서 핑시선(平溪線) 타고 징통 기차역(菁桐車站)에서 하차

1929년에 지어져 벌써 80년이 넘은 역사를 간직한 징통 기차역은 핑시선의 종착역이다. 징통은 오동나무를 뜻하는데 예전부터 이곳에서 야생 오동나무가 많이 자라 붙여진 이름이다. 일본식 목조 건물과 오래된 플랫폼의 독특한 분위기로 출사지로도 인기가 많

다. 영화 〈그 시절, 우리가 좋아했던 소녀〉에서 남녀 주인공이 기찻길을 걸으며 데이트하던 곳이 징통 기차역이다.

철도에 관련된 기념품이 가득한 곳

징통 철도 이야기관 菁桐鐵道故事館 [징통티에다오구스관]

주소 新北市平溪區菁桐街 54號 **위치** 징통 기차역(菁桐火車站)에서 도보 1분 **시간** 9:00~19:00 **휴무** 월요일 **전화** 02-2495-1258

징통 기차역 옆에 위치한 철도 이야기관은 철도 마니아인 사장이 문을 연 곳이다. 옛날 문방구처럼 소박한 분위기의 가게 안에는 타이완 모양의 열쇠고리, 오래된 기차표뿐만 아니라 핑시선 역명이 적혀 있는 기차표 모양의 엽서 등 사장의 철도에 대한 애정을 느낄 수 있는 기념품들로 가득하다. 입구 옆의 녹색 우체통에는 실제로 엽서를 보낼 수 있으며 매일 오후 우편 배달부가 찾아와 엽서들을 수거해 간다.

우라이
WULAI

타이완 원주민인 타이야 족의 오랜 터전인 우라이는 타이야 족 언어로 '끓는 물'이라는 뜻의 유명한 온천 마을이다. 울창한 녹음의 아름다운 자연에 둘러싸인 우라이는 계절마다 바뀌는 아름다운 경관과 타이야 족의 문화가 잘 녹아 있어 색다른 즐거움을 만나 볼 수 있다. 소박한 라오제에는 원주민들이 직접 만든 특산품들과 먹거리가 관광객들을 유혹하며 웅장한 우라이 폭포와 깜찍하고 귀여운 미니 열차, 산속으로 올라가는 아찔한 케이블카는 색다른 볼거리를 제공한다. 마을 주변으로는 노천온천과 고급 리조트가 들어서 있으니 초록빛 자연과 함께 온천을 즐겨 보자.

다른 지역에서 오는 방법

MRT 신디엔新店역에서 나가 오른쪽 버스 정류장에서 849번 버스 탑승 후 종점에서 내린다(약 40분 소요 / 편도 요금 NT$15).

볼란도
Volandos

패밀리마트
Family Mart

우라이 타이야 민족 박물관
烏來泰雅民族博物館

타이야포포메이스디엔
泰雅婆婆美食店

우라이 노천 온천
烏來露天溫泉

우라이 라오제
烏來老街

아각산저육향장
雅各山豬肉香腸

우라이

우라이 관광 열차
烏來觀光台車

우라이 폭포
烏來瀑布

우라이 일대 BEST COURSE

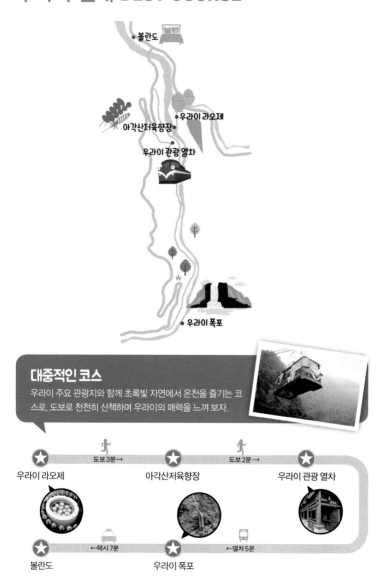

볼란도

우라이 라오제

아각산저육향장

우라이 관광 열차

우라이 폭포

대중적인 코스

우라이 주요 관광지와 함께 초록빛 자연에서 온천을 즐기는 코스로, 도보로 천천히 산책하며 우라이의 매력을 느껴 보자.

| 우라이 라오제 | 도보 3분 → | 아각산저육향장 | 도보 2분 → | 우라이 관광 열차 |

| 볼란도 | ← 택시 7분 | 우라이 폭포 | ← 열차 5분 | |

우라이에서 가장 번화한 곳

우라이 라오제 烏來老街 [우라이라오제]

주소 新北市烏來區 **위치** 버스에서 내린 후 내린 방향으로 직진하다 오른쪽에 있는 다리를 건너면 시작

우라이 라오제는 우라이에서 가장 번화한 곳이자 꼭 거쳐야 하는 관문으로, 우라이 초입에 위치해 있다. 조그마한 다리를 건너서 길을 따라 샤오미주小米酒(우라이 미주) 같은 특산품을 파는 기념품 가게, 죽통밥, 온천 계란, 산돼지 바비큐꼬치 등 우라이 간식거리로 관광객의 발길을 유혹하는 식당들이 옹기종기 모여 있다. 다른 라오제와 비교하면 꽤 소박하지만 우라이 지역 특색을 잘 엿볼 수 있다. 아침 일찍 도착했다면 먼저 우라이 폭포를 둘러보고 오는 길에 둘러보는 것이 좋다.

우라이 타이야 민족 박물관 烏來泰雅民族博物館 [우라이타이야민주보우관]

주소 新北市烏來區烏來街 12號 **위치** 우라이 라오제를 걷다 보면 오른쪽 **시간** 9:30~17:00(화~금), 9:30~18:00(주말) **휴관** 매월 첫째 주 월요일 **요금** 무료입장 **홈페이지** www.atayal.ntpc.gov.tw **전화** 02-2661-8162

타이야 족은 예전 우라이 지역에서 생활하던 곳으로, 우라이 타이야 민족 박물관은 우라이를 찾는 관광객들에게 그들의 문화와 역사 그리고 동시에 우라이의 역사를 쉽게 이해할 수 있도록 세워진 곳이다. 2005년 문을 연 이곳은 총 3층 규모의 비교적 작은 박물관이지만 타이야 족의 독특한 문화와 역사, 생활 방식 등 알찬 내용들로 구성돼 있다. 우라이 라오제 초입에 있다.

아각산저육향장 雅各山豬肉香腸 [야거산주러우상창]

주소 新北市烏來鄉烏來街 84號 **위치** 우라이 라오제 끝 **시간** 11:00~21:00 **가격** NT$40(소시지) **전화** 0955-167-796

우라이 주변에 살고 있는 소수 민족 청년들이 직접 오픈한 가게로 닭꼬치, 소시지 등의 간식을 파는 곳이다. 인기 메뉴는 멧돼지 고기로 속을 꽉 채운 소시지를 주문하면 즉석에서 숯불에 구워 주는데 쫄깃하면서도 멧돼지 고기의 육즙이 살아 있어 우라이 라오제에서 꼭 맛봐야 하는 음식 중 하나다. 우라이 라오제 끝에 위치해 있다.

우라이의 마스코트

우라이 관광 열차　烏來觀光台車 [우라이관광타이처]

주소 新北市烏來區烏來街　**위치** 우라이 라오제를 지나 다리를 건넌 후 계단 위　**시간** 8:00~17:00, 9:00~18:00(7,8월)　**요금** NT$50(편도)　**전화** 02-2661-7826

'우라이'하면 빼놓을 수 없는 것이 바로 미니 열차로 불리는 우라이 관광 열차다. 마치 놀이동산의 미니 열차를 그대로 가져다 놓은 듯한 모습의 열차는 사실 일본 식민지 시절 목재와 벌목 도구를 실어 나르기 위해 만들어졌다. 지금은 관광객들을 실어 나르며 우라이의 마스코트 역할을 하고 있다. 길이 1.6km로 우라이 라오제 끝에서 폭포까지 총 3량이 산책로를 따라 운행하고 있다. 현재는 선로 보수 작업으로 운행이 중단된 상태다.

아름다운 자연 풍광이 보이는 고급 리조트

볼란도 Volando

주소 新北市烏來區新烏路 5段 176號　**위치** MRT 신디엔(新店)역에서 849번 버스 혹은 볼란도 셔틀버스 이용(신디엔역에서 약 35분)　**시간** 8:00~23:00/ 애프터눈 티 시간 14:30~18:00(주문 마감: 17:00)　**가격** NT$1260(2인 기준, 그랜드 뷰 평일), NT$1400(2인 기준, 그랜드 뷰 주말), NT$1800(스위트 룸 평일), NT$2,000(스위트 룸 주말)/ NT$50(셔틀버스 편도)　**홈페이지** www.volandospringpark.com　**전화** 02-2661-6555

우라이에서 조금 떨어진 볼란도는 우라이의 아름다운 자연 풍경과 에메랄드빛 온천 강이 내려다보이는 고급 리조트다. 일본식 료칸과 부티크 스파 형식으로 꾸며져 있다. 볼란도의 프라이빗 온천은 호수와 숲으로 둘러싸인 리조트 안에서 여행으로 지친 피로를 풀기에 최고의 조건을 갖추고 있다. 2층에는 2개의 레스토랑이 있으며 수준급의 식사를 제공한다. 온천만 하는 것이 아쉬운 손님들을 위해 애프터눈 티 세트가 포함된 패키지도 준비돼 있다. MRT 신디엔역에서 볼란도까지 셔틀버스를 운행하는데 사전 예약 후 이용이 가능하다. 간단한 어메니티는 구비돼 있지만 개인 샤워 도구는 챙겨가는 것이 좋다.

시원한 폭포수가 장관인 우라이의 상징

우라이 폭포 烏來瀑布 [우라이푸부]

주소 新北市烏來區瀑布路 **위치** 우라이 라오제를 지나 다리를 건넌 후 왼쪽 길을 따라 올라가면 왼쪽(도보 20분). 우라이 관광 열차를 타고 우라이 폭포역에서 하차(약 5분)

높은 절벽에서 시원하게 쏟아져 내려오는 물줄기로 보는 이에게 감탄을 주는 우라이 폭포는 우라이의 상징이다. 80m 높이에서 세차게 내려오는 폭포 아래로 핀 물안개의 스펙타클한 장관을 보고 있으면 가슴이 뻥 뚫리는 느낌이 들 정도도. 폭포를 조금 더 가까이서 만나 보고 싶다면 운산낙원으로 향하는 케이블카를 타 보자. 총 길이 382m에 달하는 케이블카는 천천히 올라가면서 폭포와 함께 아름다운 우라이 전경을 한눈에 보여 준다.

TAIPEI
추 천 숙 소

TAIPEI

추천
숙소

여행의 전체 만족도를 크게 좌우하는 요소는 바로 숙소다. 타이베이에는 전 세계 관광객들을 기다리는 호스텔부터 비즈니스 출장자를 위한 중저가 호텔, 여성들을 위한 부티크 호텔과 고급 럭셔리 호텔까지 다양한 숙소들이 준비돼 있다. 식도락 여행과 늦은 밤까지 타이베이를 즐기고 싶다면 시먼딩 주변, 다른 지역으로의 이동이 많다면 타이베이 기차역이나 중산 부근, 고급 럭셔리 호텔에서 묵고 싶다면 신이 주변이 적당하다. 신베이터우나 우라이에서는 온천을 즐기면서 숙박이 가능하다.

© Jack Hong

✅ 숙소 예약 Check List

✎ 예산과 숙소 유형을 정하자

우선 적당한 예산을 정한 후 호텔을 알아보는 것이 좋다. 비교적 저렴한 예산으로 일정을 짠다면 깔끔한 호스텔이나 비즈니스호텔이 적당하며, 무턱대고 저렴한 호스텔 혹은 비싼 호텔을 예약하면 숙소에 도착 후 예상과 달라서 후회하거나 자칫 예산을 낭비하게 될 수 있으니 원하는 호텔 스타일과 예산을 정해서 예약을 진행하자.

✎ 적합한 지역으로 정하자

여행의 동선을 잘 정리한 후에 가장 적합한 지역을 정하자. 호텔이 중요 이동 경로와 많이 떨어져 있을 경우 시간은 물론, 더운 날씨에 쉽게 지쳐 다음 날 여행에 영향을 줄 수 있다. MRT 역에서 도보로 5~10분 정도의 거리가 가장 적당하며 그 이상 걸린다면 한 번 고민해 보는 것이 좋다.

✎ 생생한 후기 확인은 필수

관심 있는 숙소가 있다면 후기를 꼭 살펴봐야 한다. 숙소는 비록 머무는 시간이 짧더라도 여행에 있어서 매우 중요하다. 숙소는 여행에 있어서 어쩌면 첫인상과도 같기 때문에 인터넷은 물론 개인 블로그와 카페를 통해 원하는 숙소의 후기를 꼼꼼히 살펴보는 것이 좋다.

✎ 취소 규정을 확인하자

호텔 예약 사이트마다 규정의 차이가 있으니 예약 전 취소 규정을 잘 살펴보자. 일정 기간까지 취소 수수료가 무료인 곳도 있고, 결제 후에 취소하면 무조건 수수료를 부과하는 곳도 있으니 잘 확인하자.

✎ 바우처를 챙기자

숙소 예약이 끝나면 메일이나 홈페이지로 바우처를 발급해 준다. 체크인 시 바우처가 필요하므로 인쇄해서 잘 보관해 두자.

✎ 주소와 위치를 미리 준비하자

출국 전에 한자로 쓴 숙소 이름과 주소를 준비하면 좋다. 특히 택시를 탈 때 한자로 쓴 주소와 이름이 더 유용하니 인쇄를 해 가거나 스마트폰에 담아 가자.

- -

호텔 예약 사이트

- 호텔스컴바인 www.hotelscombined.co.kr
- 호텔패스 www.hotelpass.com
- 아고다 www.agoda.co.kr
- 부킹닷컴 www.booking.com
- 호텔스닷컴 kr.hotels.com

호스텔 예약 사이트

- 호스텔월드 www.hostelworld.com
- 호스텔닷컴 www.hostels.com/ko

추천 숙소 팁

에어비앤비 이용하기

에어비앤비 www.airbnb.co.kr

호텔이 아닌 현지인처럼 아파트나 특별한 숙소에서 머물고 싶다면 에어비앤비를 이용해 보자. 전 세계적으로 인기를 끌고 있는 숙박 공유 사이트다. 현지인의 숙소를 공유할 수 있어 호텔과는 또 다른 특별한 경험을 할 수 있다.

Hotel

W 타이베이 WTaipei 台北W飯店

신이 지역

주소 台北市信義區忠孝東路 5段 10號 **위치** MRT 스정푸(市政府)역에서 도보 1분 **요금** NT\$9,540~ **홈페이지** www.wtaipei.com **전화** 02-7703-8888

트렌디하면서 젊은 감각이 살아 있는 호텔로, 타이베이에서 가장 핫한 호텔이다. 로비, 레스토랑, 부대시설 등 호텔 곳곳에서 럭셔리하면서도 스타일리시한 분위기를 자랑한다. 객실에는 캐주얼하면서 독특한 소품들로 포인트를 주었고, 로비층의 야외 수영장은 24시간 개방이며 밤에는 우바(WOOBAR)를 찾는 젊은이들로 야외 클럽 같은 분위기를 느낄

수 있다. 와이파이는 SPG 회원일 경우 무료로 이용이 가능하며, 회원이 아닐 경우 가입후 무료로 이용할 수 있다. 타이베이 101 빌딩이 가까운 신이에 위치해 있어서 먹거리는 물론 쇼핑을 즐기기에 최적의 위치를 자랑한다. 가족 단위 여행객들보다는 커플들이 이용하기에 좋다.

에스라이트 호텔 eslite hotel 誠品行旅

신이 지역

주소 台北市信義區菸廠路 98號 **위치** MRT 스정푸(市政府)역 1번 출구에서 도보 5분 **요금** NT\$13,628~ **홈페이지** www.eslitehotel.com **전화** 02-6626-2888

송산문창원구 내에 위치한 에스라이트 호텔은 타이완 대표 서점 브랜드인 성품서점이 직접 오픈한 호텔이다. 일본의 건축가 이토 도요가 디자인해 호텔 곳곳에서 고급스러우면서 현대적인 감각을 만나 볼 수 있다. 1층 로비 옆에는 에스라이트 호텔의 하이라이트인 라운지가 있는데 한쪽 벽면에 약 5,000여 권의 서적이 진열돼 있으며 24시간 언제든 이

곳에서 책을 읽을 수 있다. 원목으로 꾸며진 가구들과 세련되면서 쾌적한 인테리어의 객실에는 발코니가 있어 저녁이면 이곳에서 신이 지역과

101 빌딩의 야경을 볼 수 있다. 객실 및 호텔 전 구역에서 무료 와이파이 이용이 가능하다.

그랜드 호텔 The Grand Hotel 圓山大飯店 스린 지역

주소 台北市士林區小南街 27號 **위치** MRT 위안산(圓山)역 2번 출구에서 셔틀버스 이용 **요금** NT$4,000~ **홈페이지** www.grand-hotel.org **전화** 02-2886-8888

중국식 건축 양식에 금색 타일 지붕과 붉은색 외관의 그랜드 호텔은 타이베이를 대표하는 호텔이다. 내부 역시 아름다우면서 화려한 인테리어로 숙박을 하지 않더라도 기념사진을 남기기 위해 일부러 찾는 관광객들도 적지 않다. 5성급 호텔 치곤 가격이 저렴하고 전 객실 무료 와이파이, 24시간 프런트 데스크 등의 서비스가 이용 가능하다. 시티 뷰에서는 타이베이 시내와 타이베이 101 빌딩의 야경을 감상할 수 있다. 창문과 발코니가 없는 방이 있으니 예약 전 꼭 확인하는 것이 좋다. 고궁 박물원, 스린 야시장으로의

접근성이 좋으나 주변에 도보로 이동 가능한 MRT 역이 없어 MRT 위안산역에서 셔틀버스를 타고 이동해야 한다.

트렌디하며 감각적인 디자인 호텔

스위오 호텔 다안 SWIIO HOTEL DAAN 二十輪旅店 大安館 융캉제 지역

주소 台北市大安區大安路 1段 185號 **위치** MRT 다안(大安)역에서 도보로 5분 **요금** NT$5,000~ **홈페이지** www.swiio.com/hotels/daan **전화** 02-2703-2220

2015년 12월에 개관한 스위오 호텔은 감각적인 디자인의 건물 외관이 눈길을 끄는 부티크 호텔이다. 새로 생긴 호텔인 만큼 시설이 깔끔하고 깨끗하며 블랙과 화이트, 금색과 은색을 이용한 내부는 심플하면서도 럭셔리한 느낌을 준다. 객실 역시 트렌디하면서 아늑한 느낌이 들도

록 꾸며졌으며 커피 머신, 미니바(Mini Bar)를 무료로 제공한다. MRT 다안역까지 도보로 7분 정도 거리에 있어서 융캉제 주변의 관광지와 맛집들을 둘러보기에 좋다.

호텔 쿼트 타이베이 HOTEL QUOTE Taipei 쑹산 지역

주소 台北市松山區南京東路 3段 333號 **위치** MRT 난징둥루(南京東路)역 1번 출구에서 도보 3분 **요금** NT$ 6,000~ **홈페이지** www.hotel-quote.com **전화** 02-2175-5588

부티크 호텔답게 호텔 로비부터 감각적인 인테리어가 돋보인다. 어두운 조명에 브라운과 블랙 톤, 원목 가구를 매치시켜 우아함과 품격을 더한 객실에는 보스 음향 기기, 네스프레소 머신이 구비돼 있다. 2층 호텔 라운지는 투숙객들을 위해 24시간 무료 개방돼 있으며 간단한 음료, 쿠키 등이 마련돼 있어 언제든 편하게 머물 수 있다. 객실 요금은 조금 비싼 편이지만 만족도는 매우 높은 편이다.

암바 타이베이 중산 amba Taipei Zhongshan 台北中山意舍酒店 중산 지역

주소 台北市中正區中山北路 2段 57-1號 **위치** MRT 중산(中山)역 3번 출구에서 도보 5분 **요금** NT$3,100~ **홈페이지** www.amba-hotels.com **전화** 02-2565-2828

중산 대로변에 위치한 암바 타이베이 중산은 타이베이 시립 도서관 베이터우 분관의 건축가로 유명한 정영가 씨가 디자인한 지 50년이 넘은 오래된 건물을 현지 문화 트렌드와 친환경을 테마로 리모델링해서 세련되면서도 모던하게 꾸며졌다. 총 90개의 객실에는 화이트와 우드 계열 인테리어에 심플함을 더했으며 다른 곳에 비해 비교적 창문이 큰 것이 특징이다. MRT 중산역과 MRT 쐉리엔역까지 도보로 이동이 가능하고 무엇보다 1961번 공항버스 정류장이 바로 호텔 앞에 있어 공항으로의 이동이 편리해 자유 여행객과 비즈니스 여행자에게 인기가 많다.

편안한 분위기로 하루를 보낼 수 있는 중급 호텔

호텔 릴렉스 2관 Hotel Relax 2 旅樂序精品旅館站前二館 타이베이 기차역 지역

주소 台北市中正區漢口街 1段 15號 **위치** MRT 타이베이처잔(台北車站)역에서 도보 3분 **요금** NT$2,200~
홈페이지 www.hotelrelaxclub.com/relax2 **전화** 02-2375-7555

호텔 이름처럼 부담없이 편안하게 머물다 갈 수 있는 호텔이다. 타이베이 기차역 바로 앞에 있어 대중교통 이용이 편리할 뿐만 아니라 주변에 백화점, 편의점, 드러그 스토어 등 쇼핑몰과 맛집들이 들어서 있다. 호텔 전체가 금연 구역이며 객실은 넓지 않으나 편리하고 환한 조명과 큰 창문으로 인해 탁 트인 느낌을 준다. 무료 와이파이 이용이 가능하며 조식은 다소 아쉬운 편이나 건너편 호텔 릴렉스 3관에서 이용 가능한 무료 커피 쿠폰도 제공해 준다.

체크인 CHECK inn 雀客旅館 쑹산 지역

주소 台北市中正區松江路 253號 **위치** MRT 싱티엔궁(行天宮)역 3번 출구에서 도보 1분 **요금** NT$3,000~ **홈페이지** www.checkinn.com.tw **전화** 02-7726-6277

캐쥬얼하면서 현대적인 디자인이 돋보이는 호텔이다. 65개의 객실은 여행객들이 부담없이 편히 쉴 수 있도록 심플한 화이트 색감에 클래식한 분위기의 인테리어로 꾸며졌다. 객실 어메니티는 호텔에서 직접 만든 유기농 제품들로 구비돼 있다. 조식 역시 타이완 현지 재철 식재료를 사용해서 제공하니 매우 신선하다. 1, 2층에는 블랙과 화이트의 조화가 어우러진 타일로 꾸며진 카페가 있으며 투숙객은 할인된 요금으로 이용이 가능하다.

시티인 호텔 타이베이 스테이션 브랜치 II
CityInn Hotel Taipei Station Branch II 新驛旅店 台北車站二館

타이베이 기차역 지역

주소 台北市大同區長安西路 81號　**요금** NT$2,000~　**위치** MRT 타이베이처잔(台北車站)역에서 도보 6분　**홈페이지** www.cityinn.com.tw　**전화** 02-2555-5577

교통의 요지인 타이베이 기차역 근처에 있는 중급 호텔이다. 합리적인 가격에 편리한 교통, 친절한 서비스로 인기가 많아 젊은 여행객들에게 적극 추천할 만한 호텔이다. 객실마다 각기 다른 콘셉트로 꾸며져 있으며 비즈니스호텔인 만큼 객실 상태가 뛰어난 건 아니지만 전체적으로 편안하고 섬세하며 필요한 어메니티들이 잘 갖추어져 있다. 조식은 따로 제공되지 않는다.

저스트 슬립 시먼딩 Just Sleep Ximending 捷絲旅台北西門館

시먼딩 지역

주소 台北市中正區中華路 1段 41號　**위치** MRT 시먼(西門)역 5번 출구에서 도보 3분　**요금** NT$3,200~　**홈페이지** www.justsleep.com.tw　**전화** 02-2370-9000

번화가 시먼딩에 위치한 호텔로 MRT 시먼역에서 도보로 3분 거리에 있어 교통이 매우 편리하다. 친절한 직원들과 괜찮은 조식으로 가족 여행객들도 많이 찾는다. 깔끔한 객실에서는 불필요한 공간을 최대한 활용하려는 디자이너의 마음을 엿볼 수 있다. 곳곳에서 한국어로 쓰인 안내문을 발견할 정도로 한국 여행객들이 많이 찾는 곳이다. 호텔 1층은 편의점과 연결돼 있고 건너편에 생활용품 매장이 있어 필요한 물품을 바로 구입할 수 있다.

앰비언스 호텔 Ambience Hotel 喜瑞飯店 타이베이 기차역 지역

주소 台北市中山區長安東路 1段 64號 **위치** MRT 중샤오신성(忠孝新生)역에서 도보 10분 **요금** NT$4,000~
홈페이지 www.ambiencehotel.com.tw **전화** 02-2541-0077

타이베이 호텔 중에서도 재방문 투숙객이 많은 호텔 중 한 곳이다. 호텔 외관부터 객실까지 화이트와 라이트 그레이 톤으로 통일해 심플하면서 현대적인 분위기로 꾸며져 있다. 모든 직원이 친절하며 세심하게 고객들을 신경 써 줘 5성급 호텔 부럽지 않은 서비스를 느낄 수 있는 호텔이다. 총 60개의 객실에는 무선 인터넷이 가능하며 생수 2병, 음료수 3캔은 매일 무료로 제공되고 조식도 전체적으로 만족스러운 편이다. 가끔 조식 시간에 아름다운 바이올린 연주를 라이브로 감상할 수 있어 여행에 특별함을 더해 준다. 한국어가 유창한 직원이 있어 가족 단위 여행객들도 많이 찾는 곳이다.

댄디 호텔 톈진 브랜치 Dandy Hotel - Tianjin Branch 丹迪旅店 天津店 중산 지역

주소 台北市中山區天津街 70號 **위치** MRT 중산(中山)역 4번 출구에서 도보 7분 **요금** NT$3,500~ **홈페이지**
www.dandyhotel.com.tw **전화** 02-2541-5788

골목골목 맛집이 많은 중산에 위치한 호텔이다. 타이완 디자이너들이 각기 다른 콘셉트로 디자인한 객실은 아기자기하고 깔끔해 여성 여행객들에게 인기가 많다. MRT 중산역 근처에 위치해 있어서 주변의 유명한 식당과 다양한 편의 시설과 백화점이 있어 쇼핑을 즐기기에 편리하다. 와이파이를 무료로 이용 가능하며 장기 투숙객을 위한 세탁기와 건조기도 구비돼 있다.

TAIPEI
여 행 정 보

Welcome to Taip

타이베이 기본 정보

국호	중화민국(中華民國, the Republic of China)이며 통상적으로 타이완이라 부른다.
수도	타이베이 台北(臺北)
인구	2,346만 명. 그중 타이베이 인구는 약 269만 4천여 명(2017년 초 기준)이다.
면적	타이완의 면적은 약 3만 6천km²(한반도의 1/3), 그중 타이베이 면적은 271.8 km²다.
정치체제	입헌민주공화제, 일원제
언어	타이완어(민난어), 중국어, 하카어(객가어), 기타(원주민 언어)
시차	한국보다 1시간 느리다. 한국이 오후 4시일 때 타이완은 오후 3시다.
거리	**인천–타이베이** : 약 2시간 30분, **김포–타이베이** : 약 2시간 10분 **부산–타이베이** : 약 2시간 20분

전압

타이완의 전압은 110v, 60Hz로 한국과 콘센트 모양이 다르다. 호텔에서는 어댑터를 제공하지만 중저가 숙소에 묵는다면 미리 멀티 어댑터를 챙기는 것이 좋다. 인천국제공항 내 통신사 로밍 서비스 센터에서 보증금을 맡기고 빌리는 방법도 있다.

화폐

NT$. 뉴 타이완 달러로 NT$(New Taiwan dollar)며 위안(yuan)이라 읽는다.

지폐 : NT$2,000, NT$1,000, NT$500, NT$200, NT$100

동전 : NT$50, NT$20, NT$10, NT$5

NT$100=약 3,881원(2019년 10월 기준)

기후

아열대성 기후인 타이베이는 연평균 기온이 약 22도며 일 년 내내 온화한 기후지만 계절에 따라 편차가 있다. 또한 대체적으로 습하고 비가 자주 올 정도로 강수량이 많다. 여행하기 가장 쾌적한 시기는 10~2월로 비교적 선선하고 겨울에도 영상을 유지하지만 아침저녁으로는 쌀쌀한 편이라 가벼운 외투를 챙기는 것이 좋다. 6~8월 사이는 기온도 높아 무더위가 절정에 달하고 호우와 태풍이 잦은 시기니 꼭 우산을 챙겨야 한다.

봄(3~5월): 3월 초에는 곳곳에서 꽃이 피며 야외 활동하기 좋은 날씨를 자랑한다. 5월부터는 한국의 초여름 날씨로 습한 날씨와 함께 장마가 시작되니 꼭 우산과 긴팔 옷이나 카디건을 준비하자.

여름(6~8월): 가장 무더운 시기이므로 선글라스와 모자, 선크림은 반드시 챙기자. 실내에는 에어컨 바람이 강하기 때문에 자칫 감기에 걸릴 수 있으므로 얇은 카디건이나 긴팔 옷도 준비하는 것이 좋다.

> 야후 날씨
> 여행 전 가장 중요한 현지 날씨를 체크할 수 있다. 지역 설정을 해 놓으면 도시의 배경 화면 위로 주간 날씨, 최고/최저 기온, 일출/일몰 시간과 강수량까지 한눈에 확인할 수 있다. 많은 날씨 앱 중에서 가장 정확한 정보를 자랑한다.

가을(9~11월): 늦은 태풍이 간혹 찾아오지만 더위가 한풀 꺾이고 서늘해지면서 타이베이를 여행하기에 가장 쾌적한 시기다. 밤과 낮, 실내와 실외 기온 차가 있으므로 반팔 옷과 긴팔 옷을 적당히 섞어서 챙겨야 한다.

겨울(12~2월): 겨울이지만 영상 10도 이상 기온을 유지해 한국의 가을 날씨와 비슷하다. 하지만 습한 날씨로 체감 온도는 더 낮기 때문에 긴팔 옷 위주로 준비하는 것이 좋다.

인터넷

스마트폰이 있으면 대부분의 숙소와 카페에서 무료로 와이파이를 사용할 수 있다. 단, 일부 숙소는 로비에서만 사용할 수 있으니 예약 전에 미리 확인하자. 인터넷을 많이 사용한다면 한국에서 데이터 로밍을 하거나 타이완 공항에서 유심 카드를 구입하거나 포켓 와이파이를 대여하는 방법도 있다. 또한 관광 안내소에서 무료 와이파이를 신청하면 공공 기관 및 MRT 역사에서 무료로 와이파이를 사용할 수 있다.

한국에서 데이터 로밍하기: 통신사 고객 센터나 공항 내 각 통신사 로밍 센터에서 신청한다. 1일 사용료 9,000~10,000원 정도로 데이터(3G 기준)를 무제한 사용할 수 있다.

타오위안, 쑹산 국제공항에서 유심 카드 구입하기: 온라인 사이트나 타오위안, 쑹산 공항 입국장 통신사 카운터, 인터넷에서 예약 가능하고 요금을 비교한 후 구입하는 것이 좋다. 개인이 사용하기 편리하지만 한국에서 걸려 오는 전화나 문

자는 수신이 불가능하다. 유심 교체 후 꼭 현장에서 인터넷이 잘 접속되는지 확인해 보는 것이 좋다. 포켓 와이파이는 온라인에서 사전에 예약 후 공항에서 픽업하면 된다. 2인 이상일 때 사용하면 유심보다 더 저렴하게 이용할 수 있지만 공항에서 잊지 말고 꼭 반납해야 한다.

한국에서 대만 유심 카드 구입하기: 인터넷에서 대만 유심 카드로 검색하면 구입처가 나온다. 대만 현지에서 구입하는 유심 비용과 크게 차이가 없어 대만 현지 공항 도착 후 바로 시내로 이동하려면 한국에서 미리 구입해 가는 것이 좋다.

치안

타이베이의 치안은 전반적으로 안전하다. 일반 상식에 어긋난 행동을 하지 않으면 문제될 일이 없다. 다만 귀중품 같은 경우는 호텔 금고 같은 안전한 곳에 보관하는 것이 좋다.

국경일과 공휴일

타이완의 국경일과 공휴일에는 대부분의 상점과 관광지가 문을 닫기 때문에 이 기간을 피해서 여행을 잡는 것이 좋다.

1월 1일 원단 元旦
2월 춘절 春節 (설, 음력 1월 1일)
2월 28일 228 평화 기념일
4월 4일 어린이날 兒童節
4월 5일 청명절 清明節
5월 1일 노동절 勞動節
6월 단오절 端午節 (음력 5월 5일)
9월 중추절 中秋節 (음력 8월 15일)
10월 10일 쌍십절 雙十節 (건국기념일)

 비상 연락처

주타이베이 대한민국 대표부

주소 台北市基隆路 1段 333號 1506室 **근무 시간** 9:00~12:00, 14:00~16:00 **휴무** 토, 일요일 **전화** 02-2758-8320~5 *근무시간외 비상연락망: 912-069-230(평일18:00~21:00, 공휴일 24시간)

한국에서 타이베이 가기

비행기

매일 대한항공, 아시아나항공, 진에어, 제주에어, 중화항공, 에바항공, 케세이패시픽 등 총 15편, 이스타항공, 스쿠트항공이 주 3회 인천과 타오위안 공항을 오가며, 김포에서 중화항공, 에바항공, 이스타항공, 티웨이항공이 주 3~4회 총 4편이 쑹산을 오간다. 부산에서 대한항공, 아시아나, 제주항공, 에어부산, 중화항공이 타이베이를 오간다.

타오위안 국제공항 桃園國際機 [타오위안 궈지 지창]

주소 桃園市大園區航站南路 9號 **전화** 제1터미널 03-2735081, 제2터미널 03-2735086
홈페이지 www.taoyuan-airport.com

타오위안 국제공항에서 시내까지는 약 40분~1시간 거리다. 다양한 방법으로 시내로 들어갈 수 있는데, 가장 빠른 방법은 택시며, 공항버스와 MRT로도 이동이 가능하다.

공항버스

24시간 운행하는 공항버스는 여행자들이 가장 많이 이용하는 수단이다. 타이베이 시내는 물론 다른 지방 노선도 있으며 총 7개의 버스 회사에서 운행하고 있다. 먼저 버스 매표소 옆 스크린에서 각 노선별 주요 정류장을 확인한 후 목적지 주변에 정차하는 버스표를 구입하면 된다. 목적지로  가는 버스가 없는 경우 가장 가까운 곳에서 내려 MRT나 택시를 타고 이동해야 한다. 가장 많이 이용하는 버스는 타이베이 기차역까지 운행하는 1819번이다. 짐을 실을 경우 탑승할 때 스티커를 주는데 하차할 때 짐 확인을 위해 필요하니 잘 간직하자. 시내까지 약 1시간 정도 소요되며 요금은 목적지에 따라 NT$110~140 정도다.

〈공항버스 주요 노선〉

버스 노선 / 버스 회사	1819번 / 국광객운 國光客運
도착지	타이베이 기차역 台北火車站 Taipei Main Station
요금	편도 NT$135(6:00~22:59), NT$140(23:00~5:59)
운행 시간	24시간
배차 간격	15~20분
도착지까지 소요 시간	55분
주요 정류장	MRT 위안산역 圓山捷運站 푸더우다판디엔 富都大飯店 Fortuna Hotel 궈빈판디엔 國賓飯店 Ambassador Hotel

버스 노선 / 버스 회사	1840번 / 궈광커윈 國光客運
도착지	쑹산 공항 松山機場 Songshan Airport
요금	편도 NT$135(6:00~22:59), NT$140(23:00~5:59)
운행 시간	타오위안 공항 6:25~24:00, 쑹산 공항 5:20~22:45
배차 간격	20~25분
도착지까지 소요 시간	50분
주요 정류장	싱티엔궁 行天宮, MRT 중산궈중역 中山國中捷運站

버스 노선 / 버스 회사	1960번 / 대유버스 大有巴士
도착지	시 정부 버스 터미널 市府轉運站 City Hall Bus Station
요금	편도 NT$145
운행 시간	타오위안 공항 5:50~25:05 시 정부 버스 터미널 4:40~23:00
배차 간격	20~30분
도착지까지 소요 시간	60~70분
주요 정류장	MRT 중샤오푸싱역 忠孝復興捷運站 푸화판디엔 福華飯店 The Howard Plaza Hotel 위안둥판디엔 遠東飯店 Far Eastern Plaza Hotel 진웨판디엔 君悅飯店 Grand Hyatt

공항 철도

17년 3월 개통된 공항 철도는 보통 열차(블루)와 직행 열차(퍼플)가 함께 운행되며 타오위안 공항에서 타이베이 기차역까지는 직통 열차는 약 35분, 보통 열차는 약 50분 정도 소요되며 요금은 직통, 일반 열차 모두 NT$160이다.

택시

가장 편리한 수단으로 보통 공항버스가 운행하지 않는 심야 시간에 이용한다. 요금은 비싼 편이지만 원하는 목적지 혹은 호텔까지 편하게 갈 수 있다. 타이베이 시내까지 요금은 NT$1,000~1,500 정도다. 대부분의 택시 기사들이 영어 주소를 잘 모르니 한자로 된 주소를 준비해 놓는 것이 좋다.

쑹산 공항 松山機場 [쑹산지창]

주소 臺北市松山區敦化北路 340之 9號 **전화** 02-8770-3456 **홈페이지** www.tsa.gov.tw

쑹산 공항은 MRT 쑹산공항역과 연결돼 있어서 시내로의 이동이 편리하고 시간도 적게 든다. 출구는 1층으로 나가면 쉽게 찾을 수 있다. 택시는 공항에서 대부분 20분 이내로 목적지에 도착할 수 있어 요금 부담이 적으니 짐이 많을 경우 택시를 이용하자.

타이베이 시내 교통

지하철 -MRT

우리나라 지하철과 같은 타이베이의 MRT는 가장 편리한 교통수단으로, 시내 주요 관광지는 모두 MRT로 이동이 가능해 타이베이 시내를 여행하는 데 있어서 자주 이용하게 된다. 이용 방법도 한국의 지하철과 비슷해서 어렵지 않고 배차 간격도 짧다. 기본 요금은 NT$20이며 구간에 따라 요금이 올라간다. 운행 시간은 6:00~24:00이지만 노선에 따라 차이가 있다. MRT를 탑승하면 전체적으로 굉장히 깨끗하고 청결한 것을 발견할 수 있는데, MRT 내에서는 음료수나 음식물의 섭취가 일절 금지돼 있어서 그렇다.

**주의 MRT 역 및 열차 내에서는 음식물 및 껌, 음료수 섭취가 불가능하다.

★ MRT 1회용 IC 토큰 구매하기
IC 토큰이란 1회용 승차권으로 자동판매기에서 구입할 수 있다.
① 먼저 목적지를 선택하고 요금을 확인한다.
② 해당 요금을 넣은 후 토큰을 받는다.
③ MRT를 탑승할 때 개찰구 센서에 올린다.
④ MRT에서 나올 때 개찰구 투입구에 넣는다.

★ 여행자들을 위한 다양한 MRT 패스(Pass)권
타이베이 MRT는 타이베이를 찾는 세계 여행객들을 위해 MRT를 조금 더 저렴하게 즐길 수 있는 패스(Pass)권을 준비하고 있다. 한국어 홈페이지(m.metro.taipei/kr)에서 종류를 확인하고 본인의 여행 스케줄에 맞는 패스권을 비교 후 구입해 보자.

어플 활용하기

구글 맵스
구글에서 제공하는 기본 앱. 목적지의 주소와 다양한 이동 경로를 검색해 주며 자세한 환승 정보 거리까지 확인할 수 있어 매우 유용하다. 교통 정보 외에도 주변의 식당, 카페 검색과 후기도 확인할 수 있다.

Taipei Metro Route Map
타이베이의 MRT 정보를 제공하는 앱. 출발역을 선택하면 각 역까지의 소요 시간과 이지 카드 사용 시 요금을 알려 준다. 사용법이 복잡하지 않고 중국어를 몰라도 사용이 가능하다. 타이베이에서 MRT를 이용할 경우 꼭 설치해야 할 필수 앱이다.

버스

MRT보다 더 많은 노선으로 타이베이 시민들이 애용하는 대중교통 수단이다. 기본요금은 NT$15이며 일정 구간이 넘으면 추가 요금이 발생한다. 요금은 현금일 경우 무조건 탑승할 때 내는 것이 아니라 운전석 위에 '上收票'라고 적혀 있으면 탑승할 때 내고 '下收票'라고 적혀 있으면 내릴 때 내면 되며, 잔돈을 거슬러 주지 않으므로 주의하자. 이지 카드인 경우 한국 버스와 동일하게 승·하차 시 모두 태그를 하면 된다.

택시

여행객들이 쉽고 안전하게 이용할 수 있는 교통수단이다. 타이베이 택시들은 모두 노란색으로 되어 있어서 어디서든 쉽게 발견할 수 있다. 기본 요금은 NT$70이며 밤 열한시부터 아침 여섯시까지는 할증 요금이 추가된다. 기사에게 목적지를 영어로 보여 줄 경우 잘 모를 수 있으니 한자 주소를 준비해 보여 주는 것이 좋다.

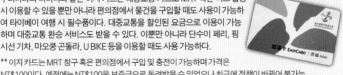

타이완의 티머니 요요카(悠遊) / 이지 카드(Easy Card)

우리나라의 티머니와 같은 이지 카드는 대중교통 카드로 MRT 혹은 버스 탑승 시 이용할 수 있을 뿐만 아니라 편의점에서 물건을 구입할 때도 사용이 가능하여 타이베이 여행 시 필수품이다. 대중교통을 할인된 요금으로 이용이 가능하며 대중교통 환승 서비스도 받을 수 있다. 이뿐만 아니라 단수이 페리, 핑시선 기차, 마오쿵 곤돌라, U BIKE 등을 이용할 때도 사용 가능하다.

** 이지 카드는 MRT 창구 혹은 편의점에서 구입 및 충전이 가능하며 가격은 NT$100이다. 예전에는 NT$100을 보증금으로 돌려받을 수 있었으나 최근에 정책이 바뀌어 불가능 해졌다.

타이베이 여행 준비하기

여권 만들기

STEP 1

해외여행에 여권은 필수다. 여권이 없다면 여권부터 만들자. 여권이 있더라도 여행일 기준으로 유효 기간이 6개월 이상 남아 있지 않다면 발급 기관에서 여권을 연장하거나 새로 발급받아야 한다.

★ 여권의 종류와 수수료

여권은 복수 여권과 단수 여권으로 나뉜다. 복수 여권은 유효 기간에 따라 5년과 10년짜리가 있다. 단수 여권은 유효 기간 1년 동안 단 1회만 사용할 수 있다.

종류	유효 기간	면수	수수료
복수	10년	48면	53,000원
		24면	50,000원
	5년	48면	45,000원
		24면	42,000원
단수	1년(단 1회만 사용)		20,000원

구비 서류 여권 발급 신청서, 여권용 사진 1매(6개월 이내에 촬영한 사진), 신분증(주민등록증, 운전면허증 등)

발급 기관 서울은 각 구청, 지방은 광역 시청, 지방 군청 등에서 여권을 발급받을 수 있다. 주민등록상의 거주지와 관계없이 신청할 수 있다. 여권은 예외적인 경우(질병, 장애, 18세 미만 미성년자)를 제외하고는 본인이 직접 신청해야 한다. 신청 후 4~5일이면 발급되고, 여권을 찾으러 갈 때는 신분증이 필요하다.

*외교부 여권 안내 홈페이지 : www.passport.go.kr
*외교부 여권과 헬프 라인 : 02-733-2114

타이완 비자

STEP 2

최대 90일 무비자로 체류가 가능하다(여권 유효 기간이 6개월 이상 남아 있어야 함).

항공권 구입

STEP 3

타이베이로 여행을 떠나기로 마음먹었다면 가장 먼저 해야 할 일은 항공권을 예약하는 것이다. 타이베이는 인기 여행지인 만큼 항공사 선택의 폭도 큰 편이고 직항 표도 비교적 저렴해서 특별한 목적이 없는 한 직항을 선택하는 것이 좋다. 타이완의 국적기인 중화항공, 에바항공의 스케줄이 가장 다양하며 이스타, 티웨이는 항공권이 저렴하고 쑹산 공항에 도착하기 때문에 시내로의 접근성도 좋아 인기가 많다.

성수기와 비수기 구분 항공권은 성수기와 비수기 요금 차이가 크다. 11~2월에는 날씨가 좋으며 연말 각종 행사와 춘절 같은 공휴일로 항공권 요금이 비싸다. 또 주말이 평일보다 요금이 비싸며 저가 항공의 경우 성수기를 몇 달 앞두고 조기 발권을 하면 할인 혜택이 주어지기도 하니, 항공사 사이트를 수시로 확인하자.

예약하기 항공권을 구입할 때는 환불 규정, 귀국일 변경 가능 여부 등의 제한 사항을 꼼꼼히 확인하자. 예약은 항공사 홈페이지나 여행사를 통해서 할 수 있다. 예약에는 여권에 기재된 영문 이름, 여권 번호가 필요하다. 항공권에 사용한 영문 이름과 여권에 기재된 영문 이름은 반드시 일치해야 하며, 다를 경우에는 항공기 탑승이 거부될 수 있다. 예약한 항공권은 돈을 지불하고 발권을 해야 진짜 내 것이 된다.

전자 항공권 e-Ticket 발권된 항공권은 전자 항공권이라고 부르는 이티켓(e-Ticket)을 이메일로 받는다. 이메일로 항공권을 받으면 영문 이름, 여권 번호, 항공편, 출발/도착 도시와 날짜를 꼼꼼히 확인한다.

〈항공사 사이트〉

대한항공 kr.koreanair.com
아시아나항공 flyasiana.com
중화항공 www.china-airlines.com/kr/ko
에바항공 www.evaair.com/ko-kr
진에어 www.jinair.com
티웨이항공 www.twayair.com
이스타항공 www.eastarjet.com
에어부산 www.airbusan.com
제주항공 www.jejuair.net
케세이패시픽 www.cathaypacific.com
스쿠트항공 www.flyscoot.com

〈항공권 예매 사이트〉

인터파크 투어 tour.interpark.com
투어익스프레스 www.tourexpress.com
탑항공 www.toptravel.co.kr
스카이스캐너 www.skyscanner.co.kr

STEP 4 환전하기

일반적으로 국내에서 미리 뉴 타이완 달러로 환전해 간다. 주거래 은행이나 인터넷 뱅킹에서 발급해 주는 환전, 환율 우대 쿠폰이 있는지 살펴보자. 미화 US로 환전한 후 타이완 공항에서 바꾸면 조금 더 절약할 수 있다. 하지만 금액이 적을 경우는 크게 차이가 없다. 시티 국제 현금 카드처럼 타이완 현지에서 뉴 타이완 달러로 바로 출금해 쓰는 방법도 있다. 수수료가 많이 비싸지 않은 편이고 필요한 만큼 현지에서 뽑아 쓸 수 있어서 편리하다.

STEP 5 여행자 보험 가입

해외여행을 떠날 때는 여행자 보험에 반드시 가입하자. 현지에서 물품을 분실하거나 사고를 당해 치료를 받게 되면 보험 혜택을 받을 수 있다. 물건을 분실했을 때는 관할 경찰서에서 도난 증명서를 반드시 받아 와야 하고, 병원 치료를 받았다면 증빙 서류(진단서, 병원비, 약값 영수증)를 챙겨 와야 한다. 그래야 귀국 후 보험 회사에 증빙 서류를 보내 심사 후 보험금을 받을 수 있다.

STEP 6 여행 가방 꾸리기

여행을 즐겁게 하려면 짐이 가벼워야 한다. 가져갈까 말까 고민되는 물건은 아예 빼자. 공항에서 사용할 여권, 항공권, 프린트한 이티켓(e-Ticket), 지갑, 휴대 전화 등은 항상 휴대할 가방에 넣어 두자.

★ 꼭 챙겨야 할 것

여권과 항공권 여권의 앞면 사진이 있는 부분은 2부 복사해서 챙겨 간다. 여권을 분실했을 때 새로 발급받으려면 여권 사본이 필요하기 때문이다. 여권 사본은 큰 가방과 보조 가방에 각각 따로 보관한다. 또 하나 좋은 방법은 여권을 스캔해 개인 메일로 보내 놓는 것이다. 이메일로 받은 이티켓도 메일함에서 버리지 말고 보관하자.

옷차림 봄과 여름에는 실내의 에어컨이 강하고, 가을, 겨울에는 쌀쌀한 날씨와 난방 시설이 잘 되어 있지 않아 얇은 카디건이나 점퍼를 준비하는 것이 좋다.

세면도구 유스 호스텔의 도미토리를 제외하고, 대부분의 숙소에서 1회용 칫솔, 비누, 샴푸, 타월을 제공한다. 그러나 숙소에 따라 품질은 천차만별이다. 고급 호텔에 머무는 것이 아니라면 따로 준비해 가는 것이 좋다. 온천을 이용할 계획이라면 꼭 개인 세면도구를 챙겨 가자.

비상약품 감기약, 진통제, 소화제, 지사제, 소독약, 밴드는 기본으로 챙긴다. 따로 복용하는 약이 있다면 넉넉하게 챙긴다.

우산과 선글라스 잦은 소나기와 태풍을 대비해 우산은 작은 크기로 챙기는 것이 좋다. 선글라스와 모자, 선크림은 계절에 관계없이 필수품이다.

STEP 7 타이베이 여행 정보 찾기

타이베이 여행에 앞서 생생한 여행자들의 후기를 보는 것은 큰 도움이 된다. 타이베이 여행 정보가 많은 대표적인 사이트를 추천한다.

즐거운 대만 여행 cafe.naver.com/taiwantour
타이완 관광청 서울 사무소 tourtaiwan.or.kr/main.asp

> **타이완 관광청 서울 사무소 찾아가기**
>
> 타이완 관광청 서울 사무소를 찾아가면 타이완 관광청에서 직접 제작한 다양한 소책자를 얻을 수 있다. 소책자는 맛집, 쇼핑 등 다양한 테마에 맞춰 타이완을 소개하고 있어 여행을 준비할 때 유용하다.
> **주소** 서울특별시 중구 남대문로10길 9 경기빌딩 902호 **전화** 02-732-2358

인천국제공항 출국 & 타이베이 입국

인천국제공항에서 출국하기

우리나라에서 타이베이로 가는 항공은 인천국제공항과 김포공항, 김해국제공항에서 출발한다. 공항에는 항공편 출발 2시간 전까지 반드시 도착해야 하고, 출국 수속과 면세점 쇼핑을 여유롭게 하려면 3시간 전까지 도착하도록 한다. 이번 장에서는 여행자가 많이 이용하는 인천국제공항을 중심으로 출국 수속을 안내한다.

인천국제공항으로 가는 방법

인천국제공항으로 가는 일반적인 방법은 공항버스를 타거나 공항 철도를 통해서 이동하는 것이다. 공항버스는 서울과 수도권은 물론 전국 각지에서 연결되는 편리한 수단으로 인천국제공항 홈페이지에서 전국으로 연결되는 공항버스 노선을 확인할 수 있다. 공항 철도는 서울역에서 인천국제공항까지 논스톱으로 연결되는 직통 열차(43분 소요, 30분 간격), 중간에 지하철역에서 정차하는 일반 열차(56분 소요, 12분 간격)가 있다.

인천국제공항 홈페이지 www.cyberairport.kr
지방행 버스 홈페이지 www.airportbus.or.kr
코레일 공항 철도 www.arex.or.kr

출국 수속

 STEP 1
탑승 수속 카운터 확인
인천국제공항 3층에 도착하면 먼저 모니터를 보고 자신의 이티켓에 적힌 항공편명과 출발 시간을 확인해 항공사 카운터를 찾자. 항공사별로 알파벳으로 탑승 수속 카운터(A~M)가 구분돼 있으니 모니터를 확인한 후 찾아가면 된다.

 STEP 2
탑승 수속 및 짐 부치기
항공사 카운터에 가서 여권과 이티켓을 제시하면 탑승권(보딩 패스, Boarding Pass)을 준다. 수하물로 부칠 짐이 있다면 컨베이어 벨트 위에 올리면 된다. 수하물은 항공사에 따라 1인당 15~30kg까지 허용하며 수하물을 부치면 주는 수하물 증명서(배기지 클레임 태그, Gaggage Claim Tag)를 잘 보관해 두자. 참고로 탑승 수속은 보통 출발 시간 기준 2시간 30분 전부터 시작한다.

STEP 3
세관 신고
세관 신고를 할 물품이 없으면 곧장 국제선 출국장으로 이동하면 된다. 만약 미화 1만 달러를 초과해서 소지하고 있는 여행자라면 출국하기 전 세관 외환 신고대에서 신고를 하는 것이 원칙이다. 여행 시 사용하고 다시 가져올 고가품을 소지하고 있다면 '휴대물품반출신고(확인)서'를 받아 두는 것이 안전하다.

STEP 4 보안 검색

여권과 탑승권을 제시한 후 출국장으로 들어가면 보안 검색을 받게 된다. 검색대를 통과할 때는 모자를 벗고 주머니도 모두 비워야 한다. 음료수나 화장품 등의 액체류는 100ml를 넘으면 안 되고 가방에 노트북이 있다면 노트북을 꺼내서 통과시켜야 한다.

STEP 5 출국 심사

보안 검색대를 통과하면 바로 출입국 심사대가 나온다. 여권과 탑승권을 제시한 후 출국 도장을 받고 나가면 면세 구역으로 갈 수 있다.

*인천국제공항 3층에서 자동 출입국 심사를 해 놓으면 자동 출입국 창구를 통해 출국 심사를 할 수 있다. 성수기 같은 경우 출국 심사 대기 줄이 길기 때문에 미리 등록해 놓으면 조금 더 일찍 출국 심사를 마칠 수 있다.

STEP 6 면세 구역

한국에 들어올 때는 면세점을 이용할 수 없으니 출국 시 면세점을 방문하자. 시내 면세점이나 인터넷 면세점을 통해 구입한 물건이 있다면 면세 구역 내의 면세점 인도장으로 가서 상품을 수령하면 된다.

STEP 7 비행기 탑승

보딩 패스에 탑승구(Gate) 번호가 적혀 있다. 탑승구에 적어도 출발 30분 전까지는 도착해서 탑승을 기다리자. 외국 항공사의 경우 셔틀 트레인을 타고 이동해야 하는 탑승동 청사에서 탑승 수속을 하므로 시간을 더 넉넉하게 잡고 이동해야 한다.

타이베이로 입국하기

STEP 1 공항 도착

타오위안 공항에 도착해 비행기에 내리면 'Immigration' 표지판을 따라 나가자. 기내에서 나눠 주는 타이완 입국 신고서는 미리 기내에서 작성하자.

STEP 2 입국 심사

입국 심사대가 나오면 'Non-Citizen' 표지 쪽에 줄을 서고, 심사 시에는 여권과 함께 타이완 입국 신고서를 같이 제출하자. 이때 끼워 주는 종이는 출국 시까지 잘 보관해야 한다.

STEP 3 수하물 찾기

이제 부친 짐을 찾을 차례다. 모니터에서 비행기 항공편명과 수하물 벨트 숫자를 확인한 후 짐을 찾자.

STEP 4 세관 검사

마지막으로 세관 검사가 남았다. 빨간색과 녹색 표지판이 보일 텐데 신고할 물품이 없다면 녹색의 'Nothing To Declare'로 통과하면 된다. 타이베이의 경우 술은 1L 이하 1병, 담배는 1보루까지 면세가 가능하다.

STEP 5 입국장

입국 게이트를 나서면 현지 무제한 데이터 신청이 가능한 타이완 현지 통신사들 데스크와 관광 안내소가 있다.

TIP 온라인 입국 신고서 및 자동 출입국 신청

입국 신고서를 사전에 온라인으로 작성 가능해졌다. 사이트에 접속 후 작성하면 나중에 입국 시 기내에서 따로 입국 신고서를 따로 작성할 필요 없이 입국심사를 받을 수 있다. 한국 국적의 여행객도 이용할 수 있는 자동 출입국 심사는 대만 도착 후 E-gate에서 여권과 안면 혹은 지문 인식하면 이후엔 대만을 찾을 때마다 편리하게 바로 E-gate를 이용할 수 있다. 다만 자동 출입국을 이용하려면 사전에 온라인으로 입국 신고서를 작성해야만 한다.
홈페이지 https://niaspeedy.immigration.gov.tw/webacard/

TAIPEI ,
타이베이
여행 회화

 인사하기

안녕하세요.	你好 [니하오]
저는 한국 사람입니다.	我是韓國人 [워스한궈런]
만나서 반갑습니다.	見到你很高興 [지엔다오니헌가오싱]
실례합니다.	打擾一下 [다라오이시아]
미안합니다.	對不起 [뚜이부치]
감사합니다.	謝謝 [시에시에]
안녕히 계세요.	再見 [짜이지엔]

 도움 청하기

좀 도와주시겠어요?	麻煩你幫我一下? [마판니방워이시아?]
확인 좀 해 주세요.	請幫我確認一遍 [칭방워췌런이비엔]
중국어를 조금밖에 못해요.	我只會說一點中文 [워즈후이슈어이디엔중원]
좀 더 천천히 말씀해 주세요.	請說慢一點 [칭슈어만이디엔]
화장실이 어디예요?	洗手間在哪兒? [시셔우지엔자이날?]
틀립니다.	不是 [부스]
좋습니다.	好的 [하오더]

268

기내에서

제 자리를 찾고 있는데요.	我在找我的位置 [워짜이쟈오워더웨이즈]
담요 부탁합니다.	請給我毛毯 [칭게이워마오탄]
제 입국 카드 좀 봐 주시겠어요?	請幫我看一下入境卡? [칭방워칸이시아루징카?]
밥 먹을 때 깨워 주세요.	吃飯時請叫醒我 [츠판스칭쟈오싱워]
식사는 필요 없어요.	不需要吃飯 [부쉬야오츠판]
물 한 컵 주세요.	請給我一杯水 [칭게이워이베이수이]
한 잔 더 주시겠어요?	請再給我一杯? [칭짜이게이워이베이?]
몸이 안 좋은데요.	身體不舒服 [션티부슈푸]
멀미약 좀 주세요.	請給我暈機藥 [칭게이워윈지야오]

 공항에서

비행기는 어디서 갈아타죠?	請問在哪裡轉機? [칭원짜이나리좐지?]
탑승 수속은 어디에서 합니까?	請問在哪裡 check in? [칭원짜이나리 체크인?]
입국 목적은 무엇입니까?	入境目的是什麼? [루징무디스션머?]
여행이요.	來旅行 [라이뤼싱]
어디에서 짐을 찾으면 되나요?	請問在哪裡取行李? [칭원짜이나리취싱리?]
제 짐을 찾을 수가 없어요.	我找不到我的行李 [워쟈오부다오워더싱리]
이 근처에 환전소가 있나요?	附近有換錢所嗎? [푸진여우환치엔쉬마?]

 호텔에서

체크인 해 주세요.	請幫我 check in [칭방워 체크인]
빈 방 있나요?	有房間嗎? [여우팡지엔마?]

하루에 얼마예요?	一天多少錢? [이티엔뚸샤오치엔?]
더 싼 방은 없나요?	有更便宜的房間嗎? [여우겅피엔이더팡지엔마?]
짐을 맡아 주시겠어요?	請幫我保管行李? [칭방워바오관싱리?]
맡긴 짐을 찾고 싶습니다.	我來取我的行李 [워라이취워더싱리]
택시를 불러 주시겠어요?	請幫我叫計程車? [칭방워쟈오지청처?]
인터넷을 사용할 수 있나요?	可以上網嗎? [커이샹왕마?]
와이파이 비밀번호가 뭐예요?	無線網絡密碼是什麼? [우시엔왕루오미마스션머?]

 교통수단 이용하기

여기 세워 주세요.	請停在這裡 [칭팅짜이쩌리]
어디에서 갈아타야 하나요?	在哪換乘? [짜이나환청?]
이 주소로 가 주세요.	去這個地方 [취쩌거디팡]
얼마나 걸리나요?	要多久? [야오뚸지우?]
요금은 얼마입니까?	多少錢? [뚸샤오치엔?]
길을 잃어버렸어요.	我迷路了 [워미루러]
MRT 역까지 어떻게 가나요?	怎麼去捷運站? [전머취제윈잔?]
어디에서 내려야 하는지 알려 주시겠어요?	請告訴我在哪裡下車? [칭가오쑤워짜이나리시아처?]

 식당, 술집에서

근처에 좋은 식당을 하나 소개해 주세요.	請告訴我附近有名的餐廳 [칭가오쑤워푸진 여우밍더찬팅]
두 사람인데 자리가 있나요?	兩位, 有位置嗎? [량웨이, 여우웨이즈마?]
지금 주문해도 되나요?	現在可以點餐嗎? [시엔짜이커이디엔찬마?]

맥주 啤酒 [피지우]	콜라 可樂 [커러]	커피 咖啡 [카페이]
사이다 雪碧 [쉐비]	볶음밥 炒飯 [챠오판]	국수 麵條 [미엔탸오]
돼지고기 豬肉 [주러우]	소고기 牛肉 [니우러우]	달걀 雞蛋 [지단]
맵다 辣 [라]　달다 甜 [티엔]	짜다 鹹 [시엔]	시다 酸 [쑤안]

대표 음식이 무엇인가요?	請推薦我招牌菜? [칭투이지엔워캬오파이차이?]
그것으로 하겠습니다.	我要這個 [워야오쩌]
포장해 주세요.	打包 [다바오]
고수는 빼 주세요.	不要放香菜 [부야오팡샹차이]
여기 세워 주세요.	請停在這裡 [칭팅짜이쩌리]
어디에서 갈아타야 하나요?	在哪換乘? [짜이나환청?]
이 주소로 가 주세요.	去這個地方 [취쩌거디팡]
얼마나 걸리나요?	要多久? [야오뚸지우?]
요금은 얼마입니까?	多少錢? [뚸샤오치엔?]
길을 잃어버렸어요.	我迷路了 [워미루러]

 쇼핑

얼마입니까?	多少錢? [뚸샤오치엔?]
입어 봐도 됩니까?	可以試穿嗎? [커이스촨마?]
싸게 해 주세요.	便宜點 [피엔이디엔]
너무 큽니다/작습니다.	太大/小 [타이따/샤오]
이것으로 주세요.	請給我這個 [칭게이워쩌거]
신용카드로 결제해도 됩니까?	可以用信用卡嗎? [커이융신용카마?]
현금	現金 [시엔진]
세일	打折 [다저]

271

찾아보기 INDEX

식당

숙소

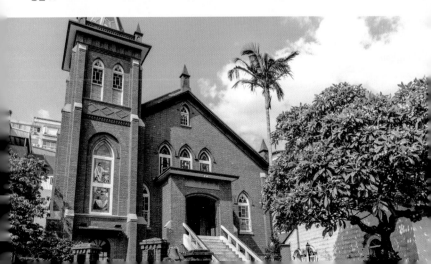

타이베이
MRT 노선도

타이베이 MRT

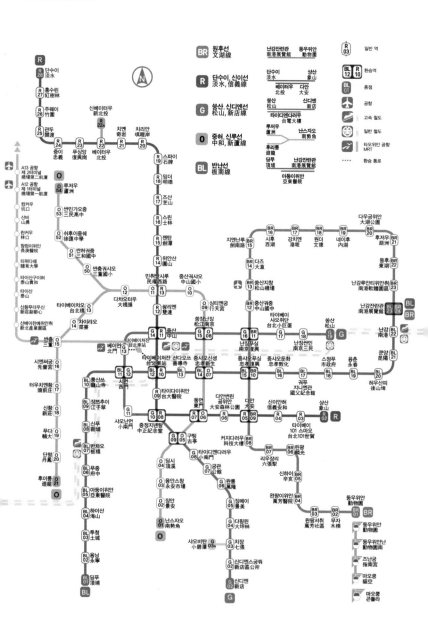

Memo.